U0351974

公益性行业(气象)科研专项(GYHY201304064)资助

气象科普业务发展研究

孙　健　邵俊年　主编

内 容 简 介

本书汇编了近年来在气象科普基本问题、气象科普资源建设、气象科普媒体发展、校园气象科普发展、主题气象科普活动等方面研究的27篇论文，既有气象科普业务发展的基本问题研究，又有典型案例分析，该研究成果的整理出版有助于进一步推动气象科普业务化发展，进一步提升公共气象服务水平。

图书在版编目(CIP)数据

气象科普业务发展研究 / 孙健，邵俊年主编．—北京：气象出版社，2015.4

ISBN 978-7-5029-6115-2

Ⅰ．①气…　Ⅱ．①孙…②邵…　Ⅲ．①气象学—科普工作—文集　Ⅳ．①P4-53

中国版本图书馆CIP数据核字(2015)第069043号

Qixiang Kepu Yewu Fazhan Yanjiu

气象科普业务发展研究

孙　健　邵俊年　主编

出版发行：气象出版社

地　　址：北京市海淀区中关村南大街46号　　**邮政编码**：100081

总 编 室：010-68407112　　**发 行 部**：010-68409198

网　　址：http://www.qxcbs.com　　**E-mail**：qxcbs@cma.gov.cn

责任编辑：吕青璞　吴晓鹏　　**终　　审**：周　煜

责任技编：吴庭芳

封面设计：博雅思企划

印　　刷：北京京科印刷有限公司

开　　本：710 mm×1000 mm　1/16　　**印　　张**：18

字　　数：279千字

版　　次：2015年4月第1版　　**印　　次**：2015年4月第1次印刷

定　　价：45.00元

本书编委会

主编：孙　健　邵俊年

编委（按姓氏音序排列）：

程文杰　康雯瑛　胡　亚　李　丹　李海青

刘　波　刘晓晶　陆　铭　任　珂　王　晨

王海波　卫晓莉　徐建中　姚锦烽

前言

气象科普是指面向大众传播天气气候知识、防灾减灾知识以及对气象各门学科深入浅出的介绍阐释等，以普及气象科学知识，推广气象科技应用，传播科学思想，倡导科学方法，弘扬科学精神，从而达到提高全民气象科学素养的活动。气象科普以普及气象常识、气象防灾减灾知识、应对气候变化知识、气象科技应用知识为重点，面向未成年人、农民、城镇劳动者、社区居民、领导干部与公务员等重点人群，将气象知识送进社区、农村、学校、机关、企事业单位，不断扩大气象科学知识的覆盖面和普及率。

气象科普工作是气象事业的重要组成部分，是公共气象服务的有效拓展和延伸，是提升气象软实力，促进全民科学素质提高的重要途径。2012 年，中国气象局组织召开第四次全国气象科普工作会议，会议强调要发挥气象科普工作在公共气象服务中的作用，不断提高气象科普的针对性和有效性。2012 年底，中国气象局印发《气象科普发展规划(2013—2016)》，明确了注重需求引领，提高全民科学素质；丰富气象科普产品，加强气象科普基础设施建设；推进资源共享共用，提升气象科普业务化水平；打造示范项目，加快气象科普社会化发展；瞄准先进水平，加强宣传科普中心能力建设等五方面的主要任务，为气象科普发展指明了方向。

本书汇编了近年来在气象科普基本问题、气象科普资源建设、气象科普媒体发展、校园气象科普发展、主题气象科普活动等方面研究的 27 篇论文，既有气象科普业务发展的基本问题研究，又有典型案例分析，该研究成果的整理出版有助于进一步推动气象科普业务化发展，进一步提升公共气象服务水平。

本书的出版得到公益性行业(气象)科研专项经费项目(GYHY201306064)的支持！

主　编

2014 年 12 月 29 日

目录

气象科普媒体发展研究

校园气象科普发展研究

主题气象科普活动研究

气象科普基本问题研究

新形势下气象科普体系建设基本问题研究

邵俊年[1]　李赫然[2]　武蓓蓓[2]　任　珂[3]　杨　静[2]
(1. 气象出版社,北京 100081;2. 中国气象局公共气象服务中心,北京 100081;
3. 中国气象局气象宣传与科普中心,北京 100081)

摘要:本文分析了从“科学普及”概念到“科学传播”理念变化的新形势下,构建气象科普体系面临的新要求,并从气象科普传播者、受众、能力建设、传播手段、体制机制、评估等六个方面,研究了构建气象科普体系的基本问题。提出更新理念、建设队伍、强化能力、健全体制、完善机制以及加强评估等建议。

关键词:气象　科普　体系　研究

面对近年来越来越严重的气象灾害和气候变化问题,积极应对气候变化、加强气象防灾减灾成为气象工作服务社会经济发展的重要使命,提高气象防灾减灾意识、应对气候变化意识要求加快建立新型气象科普体系。

1　构建气象科普体系面临的新形势

1.1　从“科学普及”到“科学传播”

科学普及的概念在20世纪经历了一次重要变化,逐步向广义化、全面化和

* 本文发表于《气象软科学》,2012年第12期。

系统化的方向转变，从“公众理解科学”的阶段进入一个新的形态：“科学传播”[1]。

科学传播的受众不再单纯是无知无识者，而是所有的公民，不仅包括那些没有知识的文盲、科盲，还包括青少年、成人，甚至是科学家、科技工作者。由之导致的科普观念的最重要变化在于，由科学普及的单向传播过程，走向科学传播的双向互动过程。“所谓双向互动，就是一方面科学家向非科学家大众传播科学知识，另一方面公众也参与科学知识的创造过程，参与科学政策的制定和科学体制的建立，与科学家一起共同塑造科学的恰当的社会角色。在双向互动过程中，公众可以在实践中学习并能更好地理解和接受科学。同时，双向互动过程意味着一种观念上的变化，即科学不再是一种高高在上的东西，它本身是出自人、为了人、服从人的。公众有权来评价科学的正面影响和负面影响。人们有权决定需要什么样的科学，科学应该朝什么方向发展。”[2]

1.2 气象科普发展面临新要求

新中国成立以来，特别是改革开放以来，我国在扫除文盲、提高国民科学文化水平、加强科普设施建设、推广应用技术成果、宣传科学思想等方面，取得了巨大成就，并在全社会形成了政府大力推动，科技工作者积极参与，社会各方广泛支持科普事业的良好氛围。

气象科普工作也在这一时期取得了显著的成绩，但还不能完全适应气象事业科学发展的要求，无论气象科普工作的理念还是气象科普手段，距社会公众日益增长的需求仍有较大差距。主要表现在：一是气象科普工作的发展整体滞后于气象现代化发展；二是气象科普能力相对薄弱，气象科普知识内容还不够丰富，科普表现形式和传播手段还比较落后，高水平的科普作品较少；三是气象科普工作的社会公众认知度不高，气象科技知识普及的喜闻乐见形式不多、通俗化不够；四是气象科普工作的管理体制和机制有待于进一步完善，专兼结合富有特色气象科普人才匮乏、稳定有效的气象科普投入机制尚未建立。

加强气象科普工作，是提高全民科学素质，保障人民群众生命财产安全，促进社会主义和谐社会建设的现实要求。气象科普工作是气象事业的重要组成部分，是公共气象服务的有效拓展和延伸，是气象部门履行社会管理职能的重要内容，是提升气象软实力、促进全民科学素质提高的重要途径；加强气象科普工作，是切实贯彻落实以科学发展为主题，以转变发展方式为主线，促进经济社会可持续发展的必然要求。积极推进气象科普工作服务于经济社会发展的必然要求，是气象工作关注民生、融入社会、面向基层的必然选择；加强气象科普工作，是提高全社会参与应对气候变化行动能力，提升公众气象灾害防御能力和水平的迫切要求。

2 气象科普体系建设基本问题研究

2.1 气象科普传播者

第一种科普传播者是身处事业体制并由国家财政支持的单位，是科普传播的“主心骨”和“定心丸”。科普传播具有很强的公益性色彩，公益性事业体制能够保证稳定的经费、人力、物力投入，长时间范畴内保证稳定的科普传播输出。但是，这种体制缺乏活力和灵活性，许多科研机构也只热衷于能带来直接经济效益的技术转让，而不愿从事具有远期社会效益的科普传播。

第二种科普传播者属于企业体制，它的出现和发展顺应社会主义市场经济体制的要求，能够为科普传播增添新活力。《国家地理》《探索》等多个杂志和电视节目已成为世界品牌，拥有众多的读者和观众。这种深层解读科学原理与自然现象的图书和节目，不仅在对公众开展科学教育方面更具实效性，也开启了科普传播社会效益和经济效益双赢的新模式。

第三种科普传播者是民间组织，不以营利为目的，是科普传播的有益补充。民间科普传播组织的新颖之处在于传播主体的非政府组织性质、传播渠道的高互动性、传播内容的及时和贴近、传播方式的多样以及科学写作的时尚轻松。

气象业务、科研单位的科技工作者应成为气象科普传播的“主力军”，在加强与社会主流媒体合作的同时，中国气象报、中国气象频道、中国天气网、《气象知识》等气象媒体应积极成为气象科普传播的“生力军”，同时，应充分利用博客、微博等新媒体，鼓励和引导民间组织、科普志愿者参与气象科普工作，使之成为气象科普的有益补充。

2.2 气象科普受众

科普传播的受众是传播信息的接收者。受众是信息流程的终端，是科普知识的接受者，是科技信息的消费者，又是对内容、媒介、传播效果的最终检验者。

受众绝不仅仅是被动接受信息，他们是信息传受活动的积极主动参与者，是传播系统中一个复杂的子系统。一方面，他们根据自己的已有知识背景接受和加工新鲜的科普知识，进行理解和记忆；另一方面，他们把自己所收受的信息进行加工制作之后，通过人际传播、组织传播或大众传播再次转传于他人，他们就成了下一级传播活动的传播者。

《中国气象局关于进一步加强气象科普工作的意见》中要求全面落实“十二五”全民科学素质纲要实施方案任务，持续深入地推进气象科普“四进”：进农村、进学校、进社区、进企事业。气象科普工作应有针对性地搭建不同的科普平台，为不同的受众生产不同的科普产品，切实有效地提高重点人群的科学素质提升行动的效果。

2.3 气象科普能力建设

构建气象科普体系的根本目的在于提高气象科普能力，扩大气象科普工作的覆盖面和影响力，保障经济社会发展与人民群众的安全福祉。《关于加强国家科普能力建设的若干意见》指出，国家科普能力表现为一个国家向公众提供科普产品和服务的综合实力，主要包括科普创作、科技传播渠道、科学教育体系、科普工作社会组织网络、科普人才队伍以及政府科普工作宏观管理等方面。

从“公众自身能力”“公众参与状态”角度分析，科普工作与能力建设已从“公众接收科学”“公众理解科学”阶段，逐步向“公众参与科学”阶段转化[3]。当前，“公众参与科学”的科普方式，强调了公众作为客体的重要性，以公众参与科学为主要目标，强调公众对科技的体验，强调科学与人文的融合性，强调公众对科技决策的参与性，是公众的参与从被动到互动以及公众科学素质从“知”科学到“会”科学再到“用”科学的整体上升和前行。

加强气象科普能力建设，一要紧密围绕气象防灾减灾和应对气候变化两大主题的公共服务需求，大力加强气象科普资源建设；二要加强（实体）气象科普教育基地与（虚拟）数字气象科普馆建设；三要大力提高气象科普的社会化程度；四要积极争取与落实对气象科普在政策、法规及资金投入方面的支持，为气象科普工作开展创造良好的支持环境。

2.4 气象科普传播手段

新媒体技术的发展和知识经济的崛起，直接冲击着传统的科普观念和科普方法。过去那种运用挂图、板报、图册等科普宣传方法，已不能完全适应科普对象的需求。传统的“说教式”、“灌输式”等科普办法，已然跟不上时代前进的步伐。气象科普工作要在保持和发扬传统资源、方法的同时，更加积极主动地借助书刊、报纸、广播、电影、电视、网络等媒体，把大众传媒作为现代科普的重要途径和手段。加强与大众媒体的合作，在社会热点新闻事件中及时发出自己的声音，实时即时科普。

发挥互联网、手机等新型媒体的科技传播功能。新媒体是相对于传统媒体（包括报纸、杂志、广播、电视）而言的，利用数字技术进行传播的一种新型媒介，具有传统媒体不能比拟的特性：新媒体传播具有及时传播的时效性；新媒体使得传播主体走向“草根化”，人人都能成为“自媒体”；新媒体使受众由“大众化”走向“分众化”时代；新媒体在内容表现形式上呈现多样性的特征。

多种形式的新媒体也在气象科普传播中迅速发展，呈现异军突起之势。气象科普网带给用户全新网上科普体验；气象科普博客使科普更加及时、更加个性化。气象科普电子杂志将文字、图片、动画、音频、视频、游戏甚至三维特效等丰富性集于一身，互动性强、成本低廉、传播速度快；数字气象科普馆为网络用户提供全新体验，强化网络气象科普，强化立体互动、数字体验、通俗活泼的网上知识普及教育功能；通过微博科普，开展与时俱进的多元科普，中国天气、中国气象频道、《气象知识》、校园气象网等也纷纷注册微博，拥有自己的即时发布平台，在第一时间为受众进行科普知识的传播。

2.5　气象科普体制机制

《中华人民共和国科学技术普及法》（以下简称《科普法》）第四条规定：“科普是公益事业，是社会主义物质文明和精神文明建设的重要内容。发展科普事业是国家的长期任务。”《气象法》规定：“气象事业是经济建设、国防建设、社会发展和人民生活的基础性公益事业，气象工作应当把公益性气象服务放在首位。”《科普法》第六条规定：“国家支持社会力量兴办科普事业。社会力量兴办科普事业可以按照市场机制运行。”

气象科普能力的建设和事业的发展少不了科普政策、法规及资金投入等方面的支持。科普是公益事业，发展科普事业是国家的长期任务。首先必须在国家政策法规上给予基础性事业支持，完善科普激励机制，保障科普工作的顺利开展。其次，在事业单位改革的大环境下，强化气象科普公益性特征，落实公共财政更好地支持公共服务的政策，发挥企业运行机制的优势，积极引导社会资源投入支持气象科普工作。调动全社会的积极因素，参与科普、投资科普，构建全新的科普管理体系，实现政府在科普事业发展中从领导型、管理型向引导型、服务型的转变。

2.6 气象科普评估

“效果研究为科普传播流程的各个环节不自觉地设定了必要的要求，……传播效果是科普传播活动的归宿和新的出发点[4]。”

通过对国外气象科普项目评估实例的比较综合研究，通过衡量投入、产出、效果、满意度和影响力五项指标作为科普项目评估指标框架的基本内容：一是投入指标，即科普产品所投入的人力、物力和财力指标；二是产出指标，即通过项目的投入直接导致的成果；三是效果指标，即科普产品达到预定目标的程度；四是满意度指标，包括传达采用的形式和手段，以及工作人员的服务，所有这些都直接影响着目标受众获得的科普体验；五是影响力指标，科普产品的长期影响是各项指标中最难以测度的，因为这往往是潜移默化、不断积累，且由多因素造成的，但不能因此而忽视评估测度长期影响[5]。

此外，需要注重气象科普评估的制度化建设。确定最佳科普投入方向和方式，提高科普项目效率，最大限度发挥有限的科普资金和资源的效用，实现公众利益最大化，扩大科普活动影响、提高社会和公众对科普组织公信度，更好地调动社会各方参与科普工作积极性和主动性[6]。

3 结论

3.1 更新理念，用科学传播的理念总体规划气象科普工作

科普工作已经由科学普及的单向传播过程，走向科学传播的双向互动过程。应加强气象科普顶层设计，用科学传播的理念总体规划气象科普工作，有效组织气象科普工作的主体、客体、载体、内容与形式、环境，形成气象科普工作的合力，切实提高气象科普能力，建立以公益性气象科普事业为主体，切实动员社会资源参与气象科普工作的运行机制，扩大气象科普的覆盖面和影响力。

3.2 建设队伍,发挥大众传媒在气象科普中"生力军"作用

气象科普工作要在保持和发扬传统方法的同时,更加积极主动地借助书报刊、广播、电视、网络、手机等媒介,把大众传媒作为现代气象科普的重要途径和手段。加强与大众媒体的合作,在社会热点新闻事件中及时发出自己的声音,实时即时科普;气象业务服务、科研单位的科技工作者应成为气象科学传播的"主力军",在加强与社会主流媒体合作的同时,中国气象报、中国气象频道、中国天气网、《气象知识》等气象媒体应积极成为气象科普的"生力军"。

3.3 强化能力,切实提高提供气象科普产品和服务的综合能力

科普能力建设是科普工作主体、客体、载体、内容与形式、环境的不同组合与相互作用而形成的实践过程。气象科普能力建设,要求气象科普管理部门发挥其渗透力、调控力及整合力,调控科普工作组织者、策划者及执行者之间的协作能力,整合多方力量,共同做好气象科普事业,切实增强气象服务综合效益。气象科普基地建设是强化气象科普能力的重要基础性工作。加强气象科普基地建设,一要提倡与推动在综合性科普展馆中设立气象展区,推动气象科普社会化;二要推动与加强数字气象科技馆建设,将实体科普展品、创意、理念数字化、虚拟化,提高新媒体科普服务能力;三要加强气象科普展品的研制开发;四要加强流动展览,建设推广"气象科普大篷车",进一步扩大受众群体,放大科普效益。

3.4 健全体制,完善机制,公共财政加强对气象科普的有力支撑

应在国家政策法规上给予气象科普工作基础性事业支持,完善科普激励机制,保障科普工作的顺利开展;公共财政投入是气象科普可持续发展的有力支撑。要将气象科普基础设施建设以及制作与传播气象科普产品的经费纳入到公共财政中,采取"公共财政采购公共服务"的方式,将气象科普产品免费或优惠地发放给公众,更好地服务基层、服务公众;应鼓励企事业单位及社会组织带资参与科普事业,发挥社会力量兴办科普事业的作用。积极构建以市场为导向的运行机制。调动全社会的积极因素,参与科普、投资科普,构建全新的科普管理体系,实现政府在科普事业发展中从领导型、管理型向引导型、服务型的转变。

3.5 加强评估，切实提高气象科普效益

通过衡量投入、产出、效果、满意度和影响力五项指标，加强科普评估工作，确定气象科普最佳投入方向和方式，提高科普项目效率，最大限度发挥有限的科普资金和资源的效用，实现公众利益最大化，扩大科普活动影响、提高社会和公众对科普组织公信度，更好地调动社会各方参与科普工作积极性和主动性。

参考文献

[1] 吴国胜.用“科学传播”替代“科学普及”[N]. 光明日报，2000-11-02.
[2] 杜悦. 走向科学传播的双向互动[N]. 中国教育报，2001-07-12(7).
[3] 李健民，刘小玲.科普能力建设：理论思考与上海实践[J].科普研究，2009，**4**(6)：35-41.
[4] 孔庆华，曲彬赫. 现代科普传播模式的创新与发展[J]. 科技传播，2010(4)：101.
[5] 史路平，安文. 科普项目评估制度化探析[J]. 科普研究，2010(1)：50-51.

我国气象科普政策法规现状分析及对策建议

王海波[1)]　孙　健[2)]　邵俊年[3)]　姚锦烽[1)]　任　珂[1)]

(1. 中国气象局气象宣传与科普中心,北京 100081;2. 中国气象局公共气象服务中心,北京 100081;3. 气象出版社,北京 100081)

摘要:本文阐述了气象科普政策法规的涵义和分类,从综合性科普政策法规、气象相关政策法规中的科普条款和专门气象科普政策法规三个层次分析了我国气象科普政策法规的现状,总结分析了目前存在的问题和不足,并对今后我国气象科普政策法规的发展提出了建设性的对策和建议。

关键词:气象科普　政策法规　现状　对策

引言

气象科普工作是全国科普工作的组成部分,也是推动我国气象事业发展的重要力量。气象科普政策法规是开展气象科普工作的基础和依据。科学的气象科普政策法规,能明确各级气象部门、组织和个人在气象科普工作中的职能、权限和义务,协调各方关系,为气象科普工作的各环节提供引导、规范和保障。

---

* 公益性行业(气象)科研专项(GYHY201306064)资助

本文发表于《科技管理研究》,2015 年第 8 期。

气象科普工作内容庞杂、情况多变,涉及各方面利益又需要各方面参与,理论性和实践性都很强,所以,建立完善合理的政策法规对指引和保障气象科普工作持续健康发展意义重大。

1　气象科普政策法规的涵义和类别

气象科普政策法规是我国科普政策法规的一部分,同时也是气象行业整体政策法规的一个组成部分。国家可以通过气象科普政策法规来调节和规范气象科普工作,从而对气象科普事业的发展产生影响和作用。要建设气象科普政策法规,研究气象科普政策法规的理论与实践,首先必须搞清气象科普政策法规的涵义和类别。

1.1　气象科普政策法规的涵义

关于政策的概念,一般认为它是政党或政府的一种有目的的政治活动,它是通过对有关问题及相关事物制定一系列的策略、方针计划方案,准则等并推动其实施来实现的[1]。但是,关于政策的内涵和外延一直没有统一的说法。有学者将法律法规也纳入政策的范畴,如佟贺丰[2]、朱效民[3]等将针对科普工作以及和科普工作相关的法律法规归入到科普政策之中,也有学者认为政策和法律还是有相当差异的,如景小勇将政策范畴限定为口号、纲领、章程、文件等[4]。关于"法规"一般也有两种理解:一种是从广义角度将"法规"等同于"法",认为法规就是法律规范的简称,它包括了法律、法规、规章和法律解释等以各种形式存在的法;另一种则是从狭义角度将"法规"理解为行政法规[5]。本文中的气象科普法规,采用广义的理解,而气象科普政策的范畴不包括法律法规。

综上,气象科普政策是指国家机关、执政党、政府部门在特定的时期,为实现气象科普的国家、社会、公众目标而制定并付诸实施的具有指导性的行动准则、方案和措施,主要是以方针、指南、原则、规范等形式出现;气象科普法规是关于气象科普领域的一系列由拥有立法权限的国家机关依照立法程序制定和颁布的法令、条例、规则、章程等法定文件的总称,是气象科普领域的基本行为准则。气象科普政策是制定气象科普法规的依据,气象科普法规往往是气象科普政策的具体化、条文化和规范化。气象科普政策与气象科普法规相辅相成,相互补充[6]。鉴于此,在下文中将气象科普政策和气象科普法规作为一个整体进行分析和研究,统称为"气象科普政策法规"。

1.2 气象科普政策法规的分类

本文参考任福君等[7]对科普政策的分类方法,将气象科普政策法规从内容、层级以及文本形式三个角度进行分类。

按内容划分,气象科普政策法规一般包括确立气象科普发展的目标和重点、变革和调整气象科普的建制(组织、机构、制度等)及其布局、配置和分配气象科普资源、培养气象科普人才、规范气象科普活动和研究、促进气象科普研究成果的应用以及加强国内外学术交流与合作等方面。

按层级划分,气象科普政策法规包括国家、部门、地方三个基本层级。国家级的气象科普政策法规属于"顶层",由中共中央、国务院和全国人大及其代表机构颁布;科技部、中国科协、中国气象局等部门独立或联合出台的政策法规属于部门政策法规;各省、自治区、直辖市以及地方政府制定的政策法规属于地方政策法规。

从文本形式上看,气象科普政策法规包括与气象科普工作相关的法律法规(如《气象法》),国家和政府相关部门出台的关于气象科普工作或与气象科普工作相关的"决定""纲要""意见""条例""办法""通知"以及相关的规定、章程、制度或会议文件等(如《气象灾害防御条例》),中共中央、国务院、全国人大领导人以及政府管理机关或相关部门负责人针对气象科普工作或设计气象科普工作作出的重要指示、讲话等。法律法规、政府文件以及指示讲话构成我国气象科普政策法规表达的三种基本文本形式。

2 我国气象科普政策法规的现状

建国以来,特别是改革开放以来,我国科学普及工作取得了巨大成就,科学普及的法律法规和政策体系逐步建立,为卓有成效地开展气象科普工作创造了良好的环境和条件。与此同时,气象法律法规和政策也逐步建立,又对气象科普工作提出新的更多要求。本文主要从以下 3 个层次来分析我国气象科普政策法规现状:综合性科普政策法规、气象相关政策法规中的气象科普条款和专门的气象科普政策法规。

2.1 综合性科普政策法规

气象科普的第一属性是“科普”，所以科普领域的国家及部门的综合性政策法规是气象科普政策法规的前提和基础。这些综合性科普政策法规涵盖了科普的设施建设、人才培养、能力提升和产业发展等各方面内容，对气象科普工作的开展有较好的规范和指导作用。其中核心的综合性科普政策法规包括《关于加强科学技术普及工作的若干意见》《中华人民共和国科学技术普及法》(以下简称《科普法》)和《全民科学素质行动计划纲要(2006—2010—2020 年)》(以下简称《纲要》)。

《宪法》作为我国的根本大法，其第十二条规定了:“国家发展自然科学和社会科学事业，普及科学和技术知识”。《科学技术进步法》第六条也规定了“国家普及科学技术知识，提高全体公民的科学文化水平”。在此基础上，国务院于 1994 年发布了《关于加强科学技术普及工作的若干意见》，这是新中国成立以来关于科普工作的第一个纲领性文件，它强调了科普工作的重要意义，明确了科普工作的任务要求。

《科普法》在 2002 年颁布实施。这是我国第一部专门规范科普工作的法规，也是我国科技发展和法制建设的一项重要成果。科普法以普及科学技术知识、倡导科学方法、传播科学思想、弘扬科学精神为战略基点，以法律形式明确了政府及相关部门开展科普工作职责，明确了科普是全社会的共同任务和责任，并对学校及其他机构、社会团体、企事业单位开展科普活动作出了法律规定并明确了违法的法律责任。《科普法》的出台标志着我国的科普工作从此纳入到法制化轨道，也为气象科普工作的开展提供了法律保障。在《科普法》第十七条中明确规定，气象等国家机关和事业单位“应当结合各自工作开展科普活动”。这对于气象科普工作的发展起到了极大的推动作用。

2006 年，国务院印发《纲要》，旨在全面推动我国公民科学素质建设，通过发展科学技术教育、传播与普及，尽快使全民科学素质在整体上有大幅度的提高，实现到本世纪中叶我国成年公民具备基本科学素质的长远目标。中国气象局作为《纲要》实施工作办公室成员单位，围绕全民科学素质行动需要出台了一定的政策和措施，将气象科普有关任务纳入相应工作规划和计划。《纲要》的实施标志着我国公民科学素质建设开始了政府推动、全民参与的历史新时期，为气象科普工作的开展提供了极大的指引，进一步明确了发展思路和方向。

此外，中宣部等联合印发的《关于进一步加强科普宣传工作的通知》、中国科协等联合印发的《关于加强科技馆等科普设施建设的若干意见》以及财政部等联合印发的《关于鼓励科普事业发展税收政策问题的通知》等，都对气象科普工作做出了要求和引导。同时，地方党委、政府按照《科普法》的要求，积极贯彻落实国家出台的相关政策法规，均分别出台了配套政策、贯彻意见以及相关文件，将科普工作纳入国民经济和社会发展规划，加强对科普工作的领导，定期召开会议研究部署科普工作，强化了科普能力和科普基础设施建设，激发了科技人员从事科普的积极性，营造了有利于气象科普事业发展的良好社会氛围。

2.2 气象相关政策法规中的气象科普条款

这一层次主要是指气象行业以及气象相关行业的政策法规中的气象科普条款。《中华人民共和国气象法》(以下简称《气象法》)于 1999 年 10 月 31 日由九届全国人大常委会第十二次会议审议通过，并于 2000 年 1 月 1 日起正式施行。这是我国第一部规范气象探测、预报、服务和气象设施建设、气象灾害防御、气候资源利用等活动的行政性法律。该法第七条指出：国家鼓励和支持气象科学技术研究、气象科学知识普及，培养气象人才，推广先进的气象科学技术。2010 年 4 月 1 日，国务院发布的《气象灾害防御条例》正式施行。这部条例是继《人工影响天气管理条例》之后，我国制定的第二部与《中华人民共和国气象法》(以下简称《气象法》)相配套的气象行政法规。它的颁布实施，标志着我国气象灾害防御工作步入了依法管理的轨道，对于我国的气象法制建设以及加强气象灾害防御工作、保障人民生命财产安全等都具有重要意义。《条例》规定各级政府、有关部门要加强气象灾害防御知识的宣传教育，尤其是学校要把气象灾害防御知识纳入有关课程和课外教育内容。同年，国务院办公厅下发《国家气象灾害应急预案》，中国气象局和国家发展改革委员会联合印发《国家气象灾害防御规划》，以及 2011 年国务院办公厅下发《国务院办公厅关于加强气象灾害监测预警及信息发布工作的意见》，其中都对气象防灾减灾知识的科普宣传做出了要求。2007 年，国家发改委印发《中国应对气候变化国家方案》，明确要求加强气候变化的“宣传、教育和培训工作”。

另外，《中华人民共和国防洪法》《中华人民共和国突发事件应对法》《中华人民共和国城市规划法》《气象探测环境和设施保护办法》等，《国务院关于大力推进信息化发展和切实保障信息安全的若干意见》(国发〔2012〕23 号)、《突发气象灾害预警信号发布试行办法》(气发〔2004〕206号)、《气象灾害预警信号发布与传播办法》(中国气象局令第16号)、《防雷减灾管理办法》《中共中国气象局党组关于推进气象文化发展的意见》等相关文件中,都有加强气象防灾减灾科普宣传工作的相应条款。

各省(市、自治区)人大、政府也分别就落实《气象法》《气象灾害防御条例》《国务院办公厅关于加强气象灾害监测预警及信息发布工作的意见》等出台了配套的地方性法律法规、政府规章、规范性文件,对加强气象防灾减灾等科普宣传工作都作出了要求。

2.3 气象科普专门政策法规

为了增强政策法规的针对性和适用性,在气象科普进入综合性政策法规和气象相关政策法规的基础上,还需要制定一系列专门的气象科普政策法规,指导、调整和规范气象科普工作的健康发展。这些专门的政策法规与综合性科普政策法规、气象相关政策法规的气象科普条款共同构成了气象科普政策法规的主要内容。

从1997年开始,中国气象局、中国气象学会分别于1997、2002、2008、2012年联合召开四次全国气象科普工作会议,先后印发了《中国气象局、中国气象学会关于加强气象科学技术普及工作的意见》和《中国气象局、中国气象学会关于贯彻〈中华人民共和国科普法〉的意见》等文件,每次会议精神及形成的文件都对气象科普工作的重点和任务进行了明确,极大地促进了气象科普工作的发展。

2007年中国科协、中国气象局联合印发的《关于进一步加强气象防灾减灾和气候变化科普宣传工作的通知》、2008年中国气象局、科技部联合印发的《关于加强气候变化和气象防灾减灾科学普及工作的通知》都明确要求:采取多种形式,切实将气象防灾减灾和气候变化科普宣传工作落到实处。

为了不断适应"十二五"时期推动科学发展、加快转变气象事业发展方式,全面提高气象科普工作的服务能力和社会化水平,中国气象局于2011年、2012年分别印发了《中国气象局关于进一步加强气象科普工作的意见》(以下简称《意见》)、《气象科普发展规划(2013—2016)》(以下简称《规划》),明确"十二五"期间气象科普工作的指导思想、发展目标、主要任务和重点工程等内容,并提出要基本实现气象科普业务化、常态化、社会化和品牌化发展,实现气象科普融入气象业务服务之中，形成科学有效的气象科普业务流程，构建“政府推动、部门协作、社会参与”的气象科普工作社会化格局的目标。

各省气象局也逐步制定了落实《意见》和《规划》的实施方案，并联合省科协、省政府等先后印发各省的地方气象科普发展规划。

2.4 我国气象科普政策法规的问题与不足

近年来，党和政府以及各级气象部门高度重视气象科普工作，气象科普工作取得了较大进展。但是，通过研究和分析，我们发现，我国的气象科普政策法规建设方面仍然存在着一定的问题和不足，主要表现在以下几个方面。

2.4.1 完整性不够，政策法规不健全

近些年虽然初步搭建了气象科普的政策法规体系框架，由于气象科普工作正处在迅速发展过程，所以在一些领域的政策法规还是空白，气象科普创作、气象科普资源共享、气象科普人才培养的长效机制和气象科普监测评估等很多方面没有明确的政策法规。

2.4.2 缺乏宏观上的系统规划，体系化建设有待加强

从现有气象科普政策法规来看，内容存在重复和交叉，整体协调性不够，缺乏专门的气象科普法规，气象科普政策法规体系尚未建立。各项政策法规之间的有效协调和互补性较低，衔接不足，促进气象科普事业的整体效应和边际效应较低。亟待建立一套科学、合理、规范的气象科普政策法规体系。

2.4.3 操作性不强，部分政策法规缺乏配套制度

现行的部分气象科普政策法规，原则性强、针对性差，粗线条的多、具体化的少，导致难以操作。很多明确的政策法规缺乏具体的配套制度和具体的推进措施，无法使政策法规内容最终落到实处。如《气象法》规定“国家鼓励和支持气象科学技术研究、气象科学知识普及，培养气象人才，推广先进的气象科学技术”，各地虽然对应着出台了气象条例以及《气象法》实施办法，但是由于仍然缺乏系统化和细化的配套制度，导致政策法规本应发挥的作用和效果并不显著。

2.4.4 执行力弱，部分政策法规没有得到落实

操作性差是执行力弱的原因之一，但除此之外，更多的是认识不到位，不能将综合性科普政策法规与气象科普发展有效结合，机制不健全，主动性不够、执

行力不强，导致好的政策法规得不到好的落实效果。

2.4.5 知晓率不高，政策法规宣传不到位

由于缺乏长效的气象科普政策法规宣传机制，相当一部分基层干部群众和企业家对此知之不多，甚至一些地方和部门的领导对新出台的一些鼓励和支持政策也不甚了解。

2.4.6 政策法规的监测评估滞后

气象科普政策法规的跟踪、监测和评估工作基本上还是空白，因而不能及时提供基本的政策咨询依据，直接影响气象科普发展长效评价体系、财政投入预算标准体系和政策法规体系的建立和完善。

3 进一步完善我国气象科普政策法规的建议

针对前面分析的我国气象科普政策法规体系的现状及存在问题，我们进一步明确了我国气象科普政策法规的建设思路和亟待完善的地方。主要包括以下方面：

3.1 用好用足现有政策法规

对于目前已经存在的气象科普政策法规，一方面要加强研究分析，分类梳理各类政策法规在气象科普发展中所发挥的作用，加强执行和落实，用好用足政策法规中对气象科普的鼓励和保障政策，如经费投入保障、场馆建设支持、税收优惠政策以及科普奖励政策和鼓励措施等；另一方面我们要深入挖掘目前存在的问题与不足，深入调研学习国外气象科普政策法规建设较好的发达国家的经验[8]，学习其他行业政策法规体系建设方面的先进做法，为改进和完善气象科普政策法规奠定基础。

3.2 加强气象科普政策法规的可操作性

以气象科普事业的发展需求为指引，从实际需求出发，加强气象科普政策法规的可操作性，对原有针对性差，粗线条导致难以操作，实际效果不好的政策法规精心修改。围绕气象防灾减灾及应对气候变化，兼顾气象设施与探测环境保护、气象科技应用等方面，明确各级单位与个人的责任、权利和义务。充分考

虑专项需求，加强配套政策的实施保障。制定落实科普工作奖励、教育培训政策，多渠道气象科普投入保障激励政策。一些重大的气象科普政策法规应制定实施细则或研究制定具体实施办法，使执行更有的放矢。

3.3 加强气象科普重点领域政策法规建设

3.3.1 气象灾害防御科普政策法规

气象灾害问题已成为社会普遍关注的热点问题，气象防灾减灾工作更是关系国计民生的大事。气象灾害防御的科普政策法规应加强以下方面内容建设：鼓励通过各种形式和渠道开展气象防灾减灾知识的普及；进一步明确政府、企业、学校、社会团体、新闻媒体等机构在气象灾害防御知识普及中的职责，建立健全政府主导、部门联动、社会参与的气象灾害防御机制；新闻媒体在预防与应急、自救与互救知识宣传普及以及预警信息发布方面的职责与规范；将气象灾害防御知识纳入国民教育体系以及全民科学素质行动计划的实施方案等。

3.3.2 应对气候变化科普政策法规

气候变化越来越深刻地影响着人类的生活，应对气候变化的知识普及也越来越紧迫。应对气候变化科普政策法规应加强以下方面内容建设：国务院和地方各级人民政府应当将气候变化应对的教育培训纳入中央和地方环境保护教育的中长期规划，并安排专项资金予以保障；制定政策鼓励媒体制作、播放与气候变化、节能减排、低碳发展有关的节目和公益广告；国务院教育行政主管部门应当组织有关教育单位统一编写气候变化应对优质教材、读本和包括应对气候变化内容在内的综合性环境教育教材、读本；广泛动员社区、社会团体、个人的积极性，采取多种渠道和手段引导全社会积极参与气候变化应对行动；各级人民政府应当通过宣传、教育、税收等措施，鼓励消费者购买、使用节能减排、废物再生利用和利用可再生新能源生产的产品。

3.3.3 气象科技应用科普政策法规

气象科技应用科普政策法规应加强以下方面内容建设：明确宣传和推广气象科技应用是气象科普工作的重要任务；气象相关的国家重大工程项目、科技计划项目和重大科技专项实施过程中，要让社会公众及时了解、掌握有关气象科技知识和信息；非涉密国家气象科技成果的科普工作纳入项目立项和验收考核目标。

3.4 填补气象科普专项政策法规空白领域

3.4.1 完善气象科普人才培养政策法规

加大气象科普一线人才培养的政策优惠力度，进一步放宽政策条件，提高优惠程度，创造气象科普人员学习、交流、考察和培训机会，鼓励他们积极投身研发和创新；建立和完善以业务能力和科研成果等为导向的气象科普人才评价标准体系，鼓励和支持气象科技工作者参与科普工作，将气象科学知识和科技成果转化为科普产品，对成绩突出者给予表彰奖励；在专业技术职务评定条件中增加气象科普原创作品、科普奖项与相应气象科技论文、科技奖项所占比例，科普论著和其他优秀科普成果，作为评聘专业技术职称职务的依据。

3.4.2 建设气象科普资源共享政策法规

建立气象科普资源共建共享制度，推动科普资源共建共享工作和其成果广泛向社会开放，动员社会各界力量共享气象科普资源平台的同时，积极参与气象科普资源的开发、集成和服务工作，形成气象资源共建共享工作的共识和工作机制；在现行法律框架下，集成气象科普资源的过程中注重知识产权的保护，积极探索有关知识产权保护问题的解决方式；制定鼓励气象科普资源开发、集成、服务的措施和办法，设立优秀气象科普作品奖项，鼓励科学家、科技工作者、文艺工作者和大众传媒参与气象科普创作。

3.4.3 探索气象科普产业政策法规

建议进一步开展经营性气象科普产业发展规划的研究，形成经营性气象科普产业的发展规划，使这项新兴产业纳入气象发展总体规划中去；制定政策鼓励现有的经营性气象科普产业创新体制，转换机制，面向市场，壮大实力，建立健全经营体制。有条件的气象科普产业机构要逐步建立现代企业制度。

3.5 强化气象科普政策法规的监测评估

重视对气象科普政策法规的监测和评估，明确具体负责人员和机构。对科普政策法规进行多内容评估，确定多元监测评估主体，重视媒体和公众的评估，保证评估的客观性、公正性和全面性。确立客观、公正和全面的科普政策法规评估标准，采取多种评估方法，特别注意采用定性与定量相结合的评估方法，使评估更具科学性。重视科普政策法规监测评估的结果和结论，有关部门对评估情况应进行认真研究，以利于今后更好地制定和执行气象科普政策法规[9]。

3.6 推动气象科普政策法规体系的建立

气象科普政策法规涉及的领域众多，政策工具复杂多样，牵涉的利益主体也比较多，政策体系的科学化程度有待进一步提升，必须加强顶层设计，提高政策法规体系的系统性。其中，不同领域的政策衔接尤为重要。未来，要在科普资源、培养科普人才、规范科普活动和科普研究、促进科普研究成果的应用等政策中确立导向，形成目标一致、搭配合理的政策合力。通过开展发展战略调研，明确各阶段气象科普发展目标、重点任务。要以形成一个以《科普法》为基础，以气象科普长远规划为战略目标，以行业和地方气象科普发展政策为重要内容，以气象科普投入、设施、人才等各项配套政策为保障的完整的气象科普政策法规体系，保证我国气象科普事业的持续健康发展。

3.7 加强气象科普政策法规的宣传推广

从提高国民科学文化素质的高度加大对气象科普政策的宣传，充分发挥各类媒体的作用。传统媒体中报纸和期刊可通过科普专栏和专版、电视和广播电台可通过开设科普栏目和转播科普节目等加大对科普和科普政策的宣传；新媒体充分发挥优势，利用网络论坛、博客、BBS、手机报、微博、微信等宣传科普政策。在气象科普教育基地、气象台、科技馆、图书馆、文化馆等场所加大对科普政策的宣传，通过科普画廊、宣传栏或橱窗、设科普和科普政策专栏等宣传科普政策。优化气象科普政策法规的传播和反馈渠道，使气象科普政策法规宣传更及时和准确。

参考文献

[1] 曹喆，郑雨. 政策分析的三个维度[J]. 科学学与科学技术管理，1993(6)：35-38.

[2] 佟贺丰. 建国以来我国科普政策分析[J]. 科普研究，2008(4)：22-27.

[3] 朱效民. 30 年来的中国科普政策与科普研究[J]. 中国科技论坛，2008(12)：10.

[4] 景小勇. "文化政策"与"文化法律"概念的比较分析——兼论党和政府对文化宏观管理主要手段的异同[J]. 艺术评论，2012(4)：53-56.

[5] 周庆山. 信息法[M]. 北京：中国人民大学出版社，2003：15.

[6] 路鹏，苗良田，莫纪宏等. 构建完善合理的科学数据共享政策法规体系[J]. 国际地震动

态,2008(3):26.

[7] 任福君,翟杰全.科技传播与普及教程[M].北京:中国科学技术出版社,2012:120.

[8] 古荒,曾国屏.从公共产品理论看科普事业与科普产业的结合.科普研究,2012(1):23-28.

[9] 裴世兰,汪丽丽,吴丹等.我国科普政策的概况、问题和发展对策.科普研究,2012(4):41-48.

气候科学素养初探

孙　楠

（中国气象报社，北京　100081）

摘要：随着极端气候事件不断增多，气候变暖的不利影响不断出现，国家把了解气候、应对气候变化摆在重要位置，其目的就是要通过宣传和教育等方式，开展推进公民气候科学素养的行动，提高公众的气候科学素养，促进全社会适应及应对气候变化的能力。

本文对气候科学素养从知识、态度、技能等层面进行定义，同时分析了我国公民气候科学素养的现状，列举了培养公众气候科学素养在气象服务中的实践，探讨了推动国民气候科学素养的有效途径。

关键词：气候　科学素养

引言

2012 年政府工作报告中提出，要加快转变经济发展方式，推进节能减排和生态环境保护，加强适应气候变化特别是应对极端气候事件能力建设，提高防灾减灾能力。坚持共同但有区别的责任原则和公平原则，建设性推动应对气候变化国际谈判进程[1]。2013 年政府工作报告中提出，要坚持节约资源和保护环境的基本国策，着力推进绿色发展、循环发展、低碳发展。大力推进能源资源节约和循环利用，重点抓好工业、交通、建筑、公共机构等领域节能，控制能源消费总量，降低能耗、物耗和二氧化碳排放强度[2]。公众气候科学素养关系到气候知识的传播，关系到气候资源的开发利用、气象防灾减灾、应对气候变化，直接影响到人们的生产生活，也关乎国家应对气候变化及节能减排政策的贯彻落实。

我国目前尚处于明确气候科学素养概念的阶段，学术界也尚未开展气候素养的相关研究。反观欧美等国，气候素养 climate（scientific）literacy 行动在很多国家已经陆续开展并活跃起来。

1　气候科学素养的内涵

"素养"英文为 literacy，最初是指"the ability to read and write"，随后衍生出表示一个人有学问(learned)。科学素养不仅仅是对物理化学等基础性知识的了解，美国科学促进会(AAAS)把社会科学也包括在科学知识中，尤其强调一个有科学素养的人所应具有的价值取向、科学态度及思维习惯。

美国国家海洋和大气管理局(NOAA)和 AAAS 以及非营利组织组成的工作组发布《气候素养：气候科学的重要规则》(2007)，正式提出气候素养一词(climate literacy)，即气候科学素养，指个人或者社会团体对气候的理解，该理解包括人类活动对气候的影响和气候对人类生活和社会发展的影响。文中给出了具有气候素养的人应当具有的四点品质：第一，了解地球气候系统的基本原则；第二，知道如何辨别和评估关于气候变化的信息是否科学和可信；第三，可以用有效的方式传播气候和气候变化的相关信息；第四，对于有可能影响气候的问题，能够做出有效的和负责任的决定[3]。

从我国国情来看，气候科学素养在某种意义上等同于气候素养，气候科学素养是科学素养的一部分，除了正确理解气候相关基本知识外，还需要了解气候知识在社会学中的应用：即对气候相关的基本概念和知识的正确理解，对气候影响社会的正确认识，对气候相关技能和方法的正确把握，对适应气候及应对气候变化行为的积极实践，还要了解我国特殊的国情和气候情况，以及在气象灾害增多背景下，具备防灾减灾意识和保护气候资源的意识。

气候科学素养可以从知识、态度、技能层面进行划分。气候知识应该包括：与气候相关的基本概念和知识（什么是气候、气候的作用等）；全球气候概况（全球气候划分、我国所处的气候带、其气候特点等）；气候导致人们生产生活发生变化的情况（气候所带来的不同地域特点、生活中利用气候及气候资源的状况等）；气候资源管理知识（包括开发利用气候资源的现状，与气候资源相关的政策、法律、行政、经济、技术、宣教、外交等信息，气候资源管理的知识等）四个主要方面。气候态度应该包括对气候情况的态度（是否热爱并愿意保护气候）；对气候资源管理的态度（是否乐于配合、参与，对气候资源管理现状的评价）；对气候变化的态度及应对气候变化的态度（是否积极应对气候的改变，是否愿意低碳环保）。气候技能应该包括保护气候的技能（保护生态环境等）；在生产、生活中规避恶劣气候利用有利气候的技能（防灾减灾等）；积极应对气候变化的能力（规避气候变化可能带来的不利影响，知道如何进行低碳减排缓解气候不利影响）。

目前，国际上对气候科学素养的研究随着科技的进步范围逐步扩大。2010年AAAS美国科学促进会年度会议做了关于气候素养的主题报告，与会学者讨论了气候科学的最新研究、公众对气候变化的态度、电视媒体在谈论气候变化的挑战，努力构建适合推广气候素养的战略。到2012年11月，在美国地质学会年会上，专家们评估了推广气候素养的一些活动，分析了农民对气候变化的影响的看法，并尝试使用谷歌地图基于互联网互动性寻求促进气候素养的方法等。

2 我国公众气候科学素养的现状

我国历史上是气候素养较高的国家。如我国的农耕文明，总结发明了气候与农耕结合紧密的二十四节气，是高气候素养的例证；又比如中医上广泛采用的“伏贴”，利用夏季最炎热的季节，治疗一些疾病，是中医和气候的紧密结合。随着科学的发展，对于气候的研究不断深入，现代气候素养的概念明显变化，目前讨论的气候素养可能更多的涉及气候变化影响及其适应问题。

2006年，半月谈杂志社在8省市进行了“普通中国人关心什么”的调查问卷，共收到5000份有效答卷。结果显示，和气候沾点边的污染问题，在国人关注的重要性排序里，也只排第七。其排序为收入差距扩大，看病贵、上学贵、买房贵，就业难、劳动者维权难，社会保障滞后，反腐倡廉亟待加大力度，道德规范待完善，环境污染未有效遏制。这一结果在2013年1月雾、霾情况严重时，也没有发生质的变化。2013年两会之前关于公众关注话题的调查显示，社会保障、收入分配、反腐、医疗改革、住房问题、社会稳定、食物药品安全等依旧排在环境生态气候之前。由此可见，气候问题是一“贵族问题”。若一个人对气候变化最为关心，那么他需具备一些条件：他的收入不能太低，看病、上学、买房对他来说不构成负担，他在就业上不面临麻烦，不需要为一些事情去维权，他有社会保障，对腐败现象不是很敏感，也不会为社会道德感到痛心疾首。至此，他才可以坦然关注环境和气候问题。因此，现阶段我国国情决定了民众气候科学素养水平。

2009 年，腾讯制作了名为“我们为什么不关心气候”的专题，发起了“防全球变暖，你可有过具体行动么”的投票。15440 人进行了投票，其中 70%(10448)的人选择了没有。其中大部分网友认为：“这是国家的事，我们做什么也没用。”在技能方面，绝大多数人不能区分不同的天气灾害预警的实际意义，在接收到灾害预警后，没有相应的响应措施。例如，在北京“7·21”暴雨期间，当被洪水围困于车辆之中时，逃生的基本技能缺失。目前，在我国教育界，教科书中有关于气候的相关知识，大多在地理科学中教授，主要集中在气候与气候相关的基本概念和知识及我国气候的情况。很少涉及利用气候的知识以及气候对生产生活的影响。在我国科学界，关于气候素养的研究刚处于起步阶段。2011 年，陈涛等做了《中美两国应对气候变化政策与公众气候素养的比较》。引用了国外对气候素养的界定，认为中美两国在气候变化国策方面有较大的差距，作者为了探寻这种差距在两国民众的气候素养上是否有所体现，对中美两国公众气候素养进行综合比较。发现除了两国公众在全球气候变暖问题上的认知是一致的以外，在气候变暖的原因、支持减排政策的态度、了解本国气候政策的基本原则方面均存在显著差异：中国公众对国家政策的了解程度高于美国公众，这是中国政府长期以来积极持续地进行应对气候变化行动产生的影响，因此，国民对减排政策的支持率也更高；而美国公众对气候变化科学知识的认知较为广泛，使得美国公众更注重对科学家的信任[4]。

3　在气象服务中培养公众气候科学素养的实践

随着极端气候事件的增多，自然灾害频发，人类生存环境的脆弱性也随之增加。同时，我国正处于经济发展的转型时期，气候变暖作为一个集政治、经济、社会和科学于一体的复杂问题，关系到国家节能减排以及经济发展。此时亟待提高国民的气候科学素养，这不仅关系到自身安全也关系到国家的经济发展。

实际上我国已经开展了一些提升公众气候科学素养的实践。每当遇到重大天气气候事件，气象部门立即组织相关专家形成气候公报，分析事件的气候背景、成因，提出应对措施，并报送国务院及各相关部门。同时，及时联系主流媒体，组织采访报道，传播气候科学知识。各级党校经常邀请气象专家给党政领导干部做专题报告。气象专家进农村、进社区、进学校、进企事业单位进行气象知识普及，取得了一定的效果。但媒体的关注点往往更局限于天气实况、伤亡人数，而极少关注天气灾害背后的成因，并未积极主动的探寻如何应对。

Mark Shafer(2009)给出了另一条传播气候科学知识的途径，他认为气候变化这种复杂的问题可以有效地凝缩在为期一天的研讨会中教授，参与者对于相关概念的理解有很大提升，这或许会成为增加气候素养的基础性工作[5]。目前，气象工作者不定期开展一些讲座，如一些政府部门间交流，意图培养社会精英阶层的气候科学素养。同时，在民间传播气候科学知识，如在重大工程建设开工之前大多会召开气候论证研讨会，这一过程中，气候知识及其技能潜移默化地传播到各个领域的专家。这也使气候可行性论证在城市建设、新能源等领域占有一席之地，例如在吐鲁番新能源示范城的建设中，建设者充分听取气象专家的意见，共同设计确定了太阳能反光板的最佳朝向。

Nosworthy(2010)认为培养气候素养的第一步需要在科学课堂上，让学生们知道气候系统运作的基本原则，第二步要了解社会与科学如何互动、如何用批判和分析处理气候问题。他指出在美国加尼佛尼亚，目前大部分学校将气候变化的相关问题放在地球科学下。2005 年时，只有 23.1%的高中生上过地球科学的课[6]。我国的大气科学的相关问题也设立在中学的地理课下，几乎所有的高中生都会接受不同程度的气候科学知识，但在气候重要性提升的今天，关于气候的相关知识没有进行突出和强化。

近 20 年，越来越多的中小学校建立了校园气象站，据 2011 年不完全统计，全国 1 千多所学校建立了校园气象站，作为传播气候科学知识的长期平台，不仅培养学生们对气候的认识，还教授应对气象灾害的技能。据媒体报道，一些孩子在老师的带领下，研究学校周边农作物与气候的关系，其长年累月的小气候数据记录为当地农业专家提供了一手资料。但是建设校园气象站的学校多为农村学校，其中一些学校由于专业人员缺乏、维护经费缺乏，使这一平台成为摆设，并且 1 千多个校园气象站对于全国中小学来说显得杯水车薪。

纵观全局，这一实践取得了一定成效，但由于局限于中国气象局及少数部门的单方努力，我国公民的整体气候科学素养并不高。

无论是政府、相关部门，还是媒体等，公民大多数时候都是被动的接受气候科学知识和培训，不能很好地运用气候知识进行决策，趋利避害。其一，这不利于公民个人做出对自身最有利的判断，也不利于国家减缓和适应气候变化及节能减排政策的推行。陈涛等(2012)指出国民气候素养的形成一方面依赖于教育的实施，另一方面决定于政府推行的政策、态度及大众媒体的导向，并提醒我们进行气候政策的宣传和推动时应该更多的借助科学家的力量。因此，加强培养气候科学素养的顶层设计、推进气候科学知识进课堂、提升公众特别是社会精英的气候科学素养是亟待解决的问题。

4 结论与讨论

气候科学素养要求公民不仅对气候与气候变化相关科学知识理解，还应当具有正确的态度及应对技能。提高气候科学素养有利于公民理解并支持国家对于应对气候变化制定的相关政策，利于节能减排政策的贯彻实施。

提升公民的气候科学素养在我国仍属于新兴事物。现阶段，我国在传播及实践上仍有一定局限及困难。今后，一方面应当加强顶层设计，从政策、法律法规、教育等层面开展工作。另一方面，相关部门以及媒体应当肩负责任，传播气候知识，普及应对气候变化及防灾减灾技能。此外，民间组织可以开展教育实践、社区活动等，提升公众气候科学素养，落实应对气候变化及节能减排政策。

参考文献

[1] 温家宝. 2012 年政府工作报告[R]. 北京：第十一届全国人民代表大会第五次会议，2012.

[2] 美国海洋和天气局(NOAA)，美国促进委员会(AAAS). 气候素养：气候科学的重要规则[R]. 2007.

[3] 陈涛，张泓波. 中美两国应对气候变化政策与公众气候素养之比较研究[J]. 科技与经济，2012，**25**(1)：106-110.

[4] Shafer M A, James T E, Giuliano N. Enhancing climate literacy[C]//18th Symposium on Education, American Meteorological Society, Phoenix, AZ. 2009.

[5] Nosworthy C M. Climate Literacy in California K-12 Schools[R]. California: Cal Poly, 2010-6.

浅析气象科普社会化法制途径

陆 铭

（湖北省气象局，湖北 武汉 430074）

摘要：气象科普社会化是实现气象服务社会化的重要内容。本文提出了增强运用法律法规推进气象科普社会化的意识，疏理了有关促进气象科普传播的法律法规，在此基础上提出了运用科普法律法规建立健全气象科普社会化长效工作机制的建议。

关键词：气象科普 社会化 法制 途径

推进气象科普社会化可持续发展，正是推进社会主义文化强国建设、普及科学知识、弘扬科学精神、提高全民科学素养的重要举措之一，是实现气象服务社会化的重要内容。大力发展气象科普对于提高我国广大社会公众防御气象灾害的意识和能力、适应和应对气候变化等方面有着特殊的重要意义和作用，而充分运用法律法规，是大力发展和广泛推进气象科普社会化的重要抓手和有效途径。

1 增强运用法律法规推进气象科普社会化的意识

法律是国家制定或认可的，由国家强制力保证实施的行为规范，以规定当事人权利和义务为内容的具有普遍约束力的社会规范。法规是国家机关制定的规范性文件，包括国务院制定和颁布的行政法规、省（自治区、直辖市）人大及

* 本文发表于《气象软科学》，2013 年第 4 期，P73-78。

其常委会制定和公布的地方性法规等,同样具有法律效力。

我国的气象科普工作在经历了艰难起步、稳步前进、快速发展三个阶段后,取得了长足进步,目前已拥有一大批气象科普场馆(基地)、一支专兼职气象科普志愿者队伍、一系列多媒体气象科普平台、一组社会化气象科普载体、一套气象科普工作机制和一个气象科普法规政策支撑体系。但是,与经济社会快速发展和广大人民群众日益增长的精神、物质和文化需求相比较,气象科普在发展理念、工作手段和能力建设等方面还存在一定差距,在整个科学普及工作中的作用和地位亟待提高,这主要表现在社会化服务体系未能建立,城乡、区域和不同领域间发展不平衡,人力、物力、财力投入不足等,但其中对气象科普的相关法律法规运用不足尤其突出。

气象科普是气象公共服务的重要内容,也是政府公共服务的重要内容,它的受众包括全部的社会公众。新时期的气象科普工作,应做到坚持紧紧围绕保障经济社会发展和人民安全福祉大局,坚持政府推动、社会参与,坚持融入发展、惠及民生,坚持统筹规划、提升能力、提高质量和效益。扩大气象科学知识的覆盖面和普及率,仅靠气象部门的力量极其有限,迫切需要政府及相关部门、需要全社会共同承担起责任,这种责任是法律法规所赋予的,这就满足了气象科普社会化发展的充分条件。同样,法律法规及其相关政策也为大力发展气象科普提供了重要的支撑和保障,此乃气象科普可持续发展的必要条件。

我国气象科普的法律法规已比较完善。早在 1994 年,国务院《关于加强科学技术普及工作的若干意见》就明确指出,科普工作是提高全民素质的关键措施,是社会主义物质文明和精神文明建设的重要内容。1995 年,党中央、国务院实施“科教兴国”战略,提出把发展科技、教育,提高全民族科学文化素质放在经济社会发展的突出地位。2002 年,《中华人民共和国科学技术普及法》颁布实施,科普工作纳入了法制化轨道。气象科普作为整个科普工作的重要组成部分,完全适用国家出台的所有科普法律、法规和政策,目前可利用的国家层面的法律法规、规划纲要、意见文件等共有 20 多个,其中包括综合性科普法律法规与政策和与气象相关的法律法规与政策。各省(市、自治区)还分别出台了相应配套的地方性法律法规、政府规章、规范性文件,发展气象科普的法律法规与政策体系初步形成。在发展气象科普的法律法规与政策体系中,既有对气象部门的要求,也包括对各级政府及其相关部门、相关行业和单位的要求,具有针对性和可操作性。

2　法律法规为气象科普社会化提供了依据

2.1　法律法规赋予了气象科普的社会责任

《中华人民共和国科学技术普及法》(以下简称《科普法》)第三条,国家机关、武装力量、社会团体、企业事业单位、农村基层组织及其他组织应当开展科普工作;公民有参与科普活动的权利。第十条,各级人民政府领导科普工作,应将科普工作纳入国民经济和社会发展计划,为开展科普工作创造良好的环境和条件。第十三条,科普是全社会的共同任务,社会各界都应当组织参加各类科普活动。加强气象科普宣传教育是社会进步的要求,是提高全民素质的要求;宣传推广气象科普,同样是各级政府、相关部门的责任,也是社会共同的责任。

按照《科普法》规定,气象部门负责制定气象科普工作规划。根据气象科普所包含的防灾减灾、科技应用、探测环境保护等主要内容,相关法律、法规与规范性文件对各级政府和气象、农业、教育、科技、文化、民政、广播电视、新闻出版、通信管理、建设规划等部门开展气象科普工作分别提出了明确要求,对大中小学校、各级广播电视播出单位、基础电信运营企业和社团组织以及相关企事业单位等提出了具体要求。

2.2　法律法规对气象科普社会化提出了任务要求

2.2.1　关于防灾减灾的科普任务

《中华人民共和国防洪法》《中华人民共和国突发事件应对法》《气象灾害防御条例》《国家气象灾害应急预案》《国务院办公厅关于加强气象灾害监测预警与信息发布工作的意见》等明确要求,各级地方人民政府、有关部门、单位要采取多种形式,向社会宣传普及气象灾害防御知识,提高公众防灾减灾能力;学校要把气象灾害防御知识纳入有关课程和课外教育内容,教育、气象部门要进行指导和监督;居民委员会、村民委员会、企事业单位要协助政府做好气象灾害防御知识宣传;新闻媒体应无偿开展预防与应急、自救与互救知识的公益宣传,广播、电视、报刊、互联网、手机短信、电子显示屏、有线广播等发布预警短信时做好防范知识宣传。各地区要把气象灾害科普工作纳入当地全民科学素质行动计划,通过气象科普基地、主题公园等,广泛宣传普及气象灾害预警和防范避险知识。《气象灾害预警信号发布与传播办法》《突发气象灾害预警信号发布试行办法》等，要求气象主管机构组织编印气象灾害预警信号及防御措施教育手册，采取多种形式深入宣传。

2.2.2 关于气象科技应用的科普任务

《科普法》要求结合推广先进适用技术向农民普及科学技术知识，气象科普工作的重要任务之一是向农民推广农业气象适用技术。科技部等七家单位《关于加强国家科普能力建设的若干意见》要求，在国家重大工程项目、科技计划项目和重大科技专项实施过程中，逐步建立健全面向公众的科技信息发布机制，让社会公众及时了解、掌握有关科技知识和信息。科技部等八单位《关于科研机构和大学向社会开放开展科普活动的若干意见》要求，及时向公众进行非涉密国家科技计划项目成果的科普工作，作为项目立项和验收考核目标之一。

2.2.3 关于气象设施与探测环境保护的科普任务

《中华人民共和国气象法》(以下简称《气象法》)、《中华人民共和国城市规划法》《气象探测环境和设施保护办法》等要求各级气象部门和建设规划部门，加强气象设施和气象探测环境保护相关科普知识宣传，及时公布和宣传本地区气象探测环境保护的范围和标准。

2.2.4 关于科普基地建设的任务

《科普法》第二十二条，公园、商场、机场、车站、码头等各类公共场所的经营管理单位，应当在所辖范围内加强科普宣传。科技部等七单位《关于加强国家科普能力建设的若干意见》要求，在现有科技类场馆、专业科普机构以及向社会开放的科研机构和大学中，开展国家科普基地建设试点，在提高展示能力、创新能力和管理水平等方面发挥示范和带动作用。中国气象局和科技部《关于加强气候变化和气象防灾减灾科学普及工作的通知》要求，大力发展气象台(站)类科普教育基地，进一步完善其科普教育功能。

3 法律法规为气象科普社会化提供了有利条件

气象科普是科普工作的重要内容之一，是科普工作的一部分。除了气象部门应安排一定的经费、创造一定的条件开展气象科普工作、发展气象科普事业外，各级政府和相关部门，都应在财政投入、城乡建设、科技与教育工作中统筹考虑,予以支持。

3.1 经费投入保障

大力发展气象科普、努力提升气象科普能力,无论是增强传播效果、丰富科普设施还是繁荣科普创作、深化科普活动,都需要经费作保障。《科普法》第二十三条,各级人民政府应当将科普经费列入同级财政预算,逐步提高科普投入水平。科技部等八家单位联合印发的《关于加强国家科普能力建设的若干意见》要求,积极引导社会资金投入科普事业,逐步建立多层次、多渠道的科普投入体系;在实施国家科技计划项目的过程中,应推进科研成果科普化工作。中国气象局和科技部《关于加强气候变化和气象防灾减灾科学普及工作的通知》要求,多渠道增加气象科普投入,各级气象部门和科技行政部门,每年应安排一定的经费,开展气象科普创作和科学普及工作;气象和科技部门的重大项目,应安排适当的经费,用于科学普及工作;鼓励更多的社会力量投入气象科学普及工作。

3.2 场馆建设支持

气象科普场馆建设是科普场馆建设的一部分。气象科普场馆一方面要在气象台站设施建设与改造中同步建设和升级,另一方面应积极争取气象科普进入地方博物馆、科技馆、展览馆等文化、教育活动场所,在各级地方图书馆、青少年宫、学校和农村、城镇社区服务站等场所增加气象科普教育功能,在大中城市、中小学校、气象灾害易发地区,建设社区气象站、红领巾气象站等等。《科普法》第二十四条,省、自治区、直辖市人民政府和其他有条件的地方人民政府,应当将科普场馆、设施建设纳入城乡建设规划和基本建设计划,现有科普场馆、设施应加强利用、维修和改造;以政府财政投资建设的科普场馆,应当配备必要的专职人员,不得擅自改作他用,经费困难的,同级财政应当予以补贴,使其正常运行。

3.3 税收优惠政策

设计、制作和推广具有气象科普效力的商品,开发制作便于移动和携带的气象科普设施、展品、展项,吸纳文学、艺术、教育、传媒等社会机构或组织投身气象科普创作,无一不涉及到企事业单位的税收问题。《科普法》指出,国家支持科普工作，依法对科普事业实行税收优惠，科普组织开展科普活动、兴办科普事业，可以依法获得资助和捐赠；鼓励境内外社会组织和个人设立科普基金，用于资助科普事业；鼓励境内外的社会组织和个人捐赠财产资助科普事业，对捐赠财产用于科普事业或者投资建设科普场馆、设施的，依法给予优惠。财政部等五家单位《关于鼓励科普事业发展税收政策问题的通知》明确了科普税收减免的六条具体意见。

3.4 奖励政策

给予对气象科普工作和发展做出过重要贡献的集体和个人奖励，是树立导向，调动更多的机构、组织和个人更好地参与到气象科普工作中来的一种积极方式。《科普法》第二十九条，各级人民政府、科学技术协会和有关单位都应当对在科普工作中做出重要贡献的组织和个人，予以表彰和奖励。《关于加强国家科普能力建设的若干意见》要求，完善科普奖励政策，逐步将科普图书、科普影视、科普动漫和科普展教具等科普作品纳入国家科技奖励范围；鼓励社会力量设立多种形式的科普奖；加大对科普工作先进集体和先进个人的表彰和奖励力度。气象科普应积极争取加入政府和社会组织的奖励活动，气象部门也可联合社会或在部门内部建立形式多样的奖励机制，设立多种气象科普奖项。

3.5 鼓励措施

气象科普工作是气象部门履行社会管理职能的重要抓手之一。《气象法》第七条，国家鼓励和支持气象科学知识普及。科技部等八家单位《关于科研机构和大学向社会开放开展科普活动的若干意见》中指出，设立面向公众的专门科普场所在进行新建、扩建和改建等工程项目时，经相关部门批准后可将相应的科普设施和场所建设纳入基本建设计划；开放工作作为一项重要内容纳入科研机构评估和大学科技工作绩效考核，并作为评选全国青少年科技教育基地、全国科普教育基地的重要依据；组织中小学生到开放单位参加科普活动，作为各级教育行政部门对学校和教师进行综合评价和考核的重要内容。

4 利用法律法规建立健全气象科普社会化长效工作机制

充分利用法律法规，加强顶层设计，从国家层面和战略高度对气象科普工作进行全面系统地规划设计，不断建立健全和完善气象科普社会化、可持续发展的体制机制；注重气象科普中长期发展规划、阶段性工作目标、年度实施计划的有效衔接，统筹好气象科普工作规划、计划和实施方案的制定和组织实施，特别需要建立健全气象科普社会化长效工作机制。

4.1 建立健全财政投入机制

公共财政投入是气象科普可持续发展的有力支撑。按照服务在地方、投入地方拿的方式，依据相应法律法规和政策文件，将气象科普经费纳入地方科普财政预算，加大地方财政对气象科普工作的投入。气象科普基础设施建设和向社会免费发放的气象科普产品研发、生产经费纳入到公共财政之中，以公共财政采购公共服务，并转化为一种社会福利。

4.2 建立健全社会联动机制

建立气象主管机构牵头、社会各部门联动、全社会积极参与的气象科普工作机制，大力推动气象科普产业的发展，广泛动员各种类型的企业、民间团体等社会力量参与到气象科普基地、设施建设和人才队伍建设中来，群策群力解决气象科普设施、专业人员、维持经费不足等问题。广泛调动全社会的积极因素，参与气象科普创作、推广、宣传，投资气象科普产品、商品研发、生产、经销。积极构建全新的气象科普组织管理体系，提高地方政府对气象科普工作的重视程度和支持力度。

4.3 建立健全督查考核机制

各级地方政府将气象科普工作纳入到地方政府的业务考核中，推动社会化气象科普工作开展。气象部门将气象科普工作纳入到气象业务服务体系中，尤其是要明确气象业务服务对气象科普工作的支撑职责，缓解当前气象科普边缘化的问题；建立和完善气象科普督办落实制度，将气象科普工作纳入目标管理和综合考核，建立健全气象科普工作综合评价机制，实现气象科普工作可量化、可检查、可评价。

4.4 建立健全激励机制

政府出台金融、税收配套政策，鼓励社会企业参与科普工作；鼓励和支持非政府组织从事科普工作;鼓励企事业单位及社会组织带资参与科普事业,发挥社会力量兴办科普事业的作用。以项目带动科普,构建以市场为导向的气象科普运行机制;鼓励和支持气象科技工作者参与科普工作,将气象科学知识和科技成果转化为科普产品,对成绩突出者给予表彰奖励;在专业技术职务评定条件中增加气象科普原创作品、科普奖项与相应气象科技论文、科技奖项所占比例,科普论著和其他优秀科普成果,作为评聘专业技术职称职务的依据。

4.5 建立健全人才培养机制

加强气象科普人才培养,稳定科普人才队伍,气象部门建设集策划、创作、制作、推广、宣传、研究和管理等各方面气象科普人才库,创造气象科普工作人员学习、交流、考察和培训机会,建立气象科普业务和管理人员培训制度,将气象科普业务与管理培训纳入气象人才培训计划;发展和壮大社会机构、组织兼职气象科普队伍,激发科学家、气象信息员、协理员及气象科普志愿者的潜能。

参考文献

[1] 郑国光. 第四次全国气象科普工作会议讲话[R]. 北京:第四次全国气象科普工作会议,2012.

[2] 洪兰江等. 气象科普能力建设研究报告[R]. 北京:气象软科学研究,2012.

气象科普资源建设研究

气象科普资源建设的理论与实践研究

王海波[1)]　刘　波[1)]　邵俊年[2)]　任　珂[1)]　刘晓晶[1)]
(1. 中国气象局气象宣传与科普中心,北京 100081;
2. 气象出版社,北京 100081)

摘要:本文阐述了气象科普资源的概念和内涵,对我国气象科普资源的现状进行了分析和研究,并结合数字气象科技馆和气象科普资源库建设案例分析,提出了加强我国气象科普资源建设的建议。

关键词:气象科普　资源理论　共建共享

引言

科普工作是发展先进生产力的重要措施,是提高全民科学文化素质和促进人类全面发展的重要途径。一个国家的科普能力,集中表现为国家向公众提供科普产品和服务的综合实力,而科普资源既是科普工作的基础和工具,也是提升科普能力的重要因素[1]。《全民科学素质纲要》中提出的四大基础工程(科普资源开发与共享工程、大众传媒科技传播能力建设工程、科普基础设施工程和科学教育与培训基础工程)都与科普资源建设密切相关。气象科普工作是全国科普工作的重要组成部分,也是最活跃的分支之一。本文对我国气象科普资源现状进行了梳理,并结合实践总结气象科普资源建设的经验,为气象科普资源建设提出具有可行性的建议,对于提高气象科普资源的利用效率,提升气象科普公共服务的能力和水平具有重要的现实意义。

1 气象科普资源的概念和内涵

关于科普资源的概念目前还没有统一认识，科普资源概念一方面来源于科普工作实践经验的总结，一方面来源于科普研究机构的理论研究。气象科普资源的概念也是如此。综合众多学者和专家的研究结果，总体来说，气象科普资源有广义和狭义之分。

广义的气象科普资源是指气象科普事业发展中所涉及的所有资源，包括用于发展气象科普事业所需的政策环境、人力、财力、物力、组织、内容及信息等要素的总和，可以抽象概括为气象科普能力、气象科普内容（产品）和气象科普活动三大类[2,3]。前者是气象科普事业发展的基础性条件，后两者则是气象科普的内涵和具体内容，即科普什么、怎么科普，三者构成了气象科普资源的有机整体。在具体的实践中，气象科普资源的表现形态和分类方式多种多样。气象科普资源的概念框架及相互关系如图 1 所示[1]。

气象科普能力资源主要根据人、财、物 3 个基本要素进行分类，具体表现为人力资源、财力资源、组织机构、基础设施、媒介等部分。从科普内容（产品）来看，可以根据不同表现形态，将气象科普资源分为实物资源（如各类科技馆中的展品、科技博物馆的藏品等）、印刷产品资源（如图书、挂图、报纸、期刊）、电子声像资源（电影、电视、多媒体光盘、网络科普资源）等。也可以根据气象科普内容的功能和应用范围，将气象科普资源分为宣传类、培训类、音像类、活动类、读物类、研究成果和基础数据类、科技场馆类、企业科普类等。

狭义的气象科普资源是指气象科普活动、气象科普实践中所涉及的内容及相应的载体。其内涵包括气象科普项目或活动中所涉及的媒介和科普内容。从抽象的角度而言，可以把气象科普媒介分为科普场馆、媒体，内容则是这些媒介承载的具体气象科普资源形态，比如文字、声像、图片及其综合表现形式。这些气象科普内容在不同的媒介中表现形式也是不同的，不同的气象科普资源与不同的载体相结合，或采取不同的科普表现形式，构成一个复杂的气象科普过程。在本文后面的研究分析中所提到的气象科普资源均采用狭义的定义。

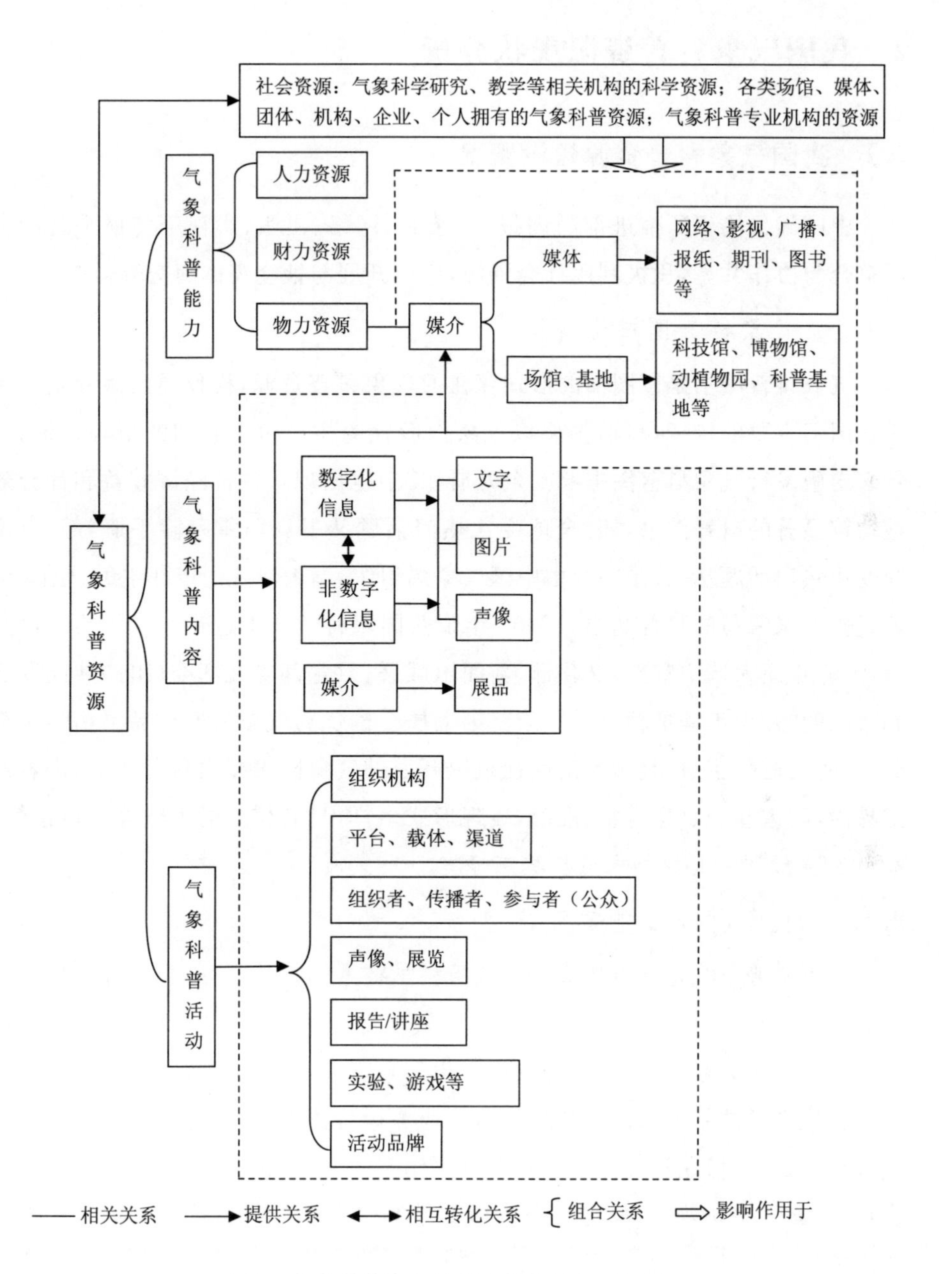

图 1　气象科普资源的概念框架及相互关系

2 我国气象科普资源现状分析

2.1 我国气象科普资源建设概况

中国气象局不断推进部门内报纸、杂志、网络、出版、影视等传播平台的资源整合与协作共享，积极利用社会资源，广泛开展与社会媒体的交流合作。

2.1.1 气象科普图书资源

气象科普图书是以图书的形式存在的气象科普资源，科技类出版社是气象科普图书主要的依托，目前主要以气象出版社为主。由于它们的精心打造，近年来出版发行气象科普图书500余万册，其中也出现了一批经济效益和社会效益均较显著的科普图书，如《全球变化热门话题丛书》《防雷避险手册》等。《全球变化热门话题丛书》是一套由中国气象局组织，秦大河院士担任主编，全国46名气候专家编写的科普丛书。2005年荣获国家科学技术进步奖二等奖。该丛书2006年还入选中宣部、文化部、新闻出版署、教育部等九部委、团体共同发起和组织的“知识工程推荐书目”，荣获第七届全国优秀气象科普作品书籍类荣誉奖。《防雷避险手册》是气象出版社组织开发的气象防灾减灾科普作品，内容通俗易懂，防雷知识表达完整、准确，表现形式多样，具有较高的趣味性和可读性，2011年荣获国家科学技术进步奖二等奖。

2.1.2 气象科普影视资源

气象科普影视是指以传播普及气象科学技术知识的产品，主要分为气象科普电视节目和气象科普影片两个部分。气象部门紧紧抓住气象防灾减灾和应对气候变化两大社会热点，充分发挥文化创意产业的市场优势，建立了从策划、摄制到推广播放一整套成熟的科普节目业务运行体系，并依托省气象局建成福建、新疆、四川、黑龙江等四个科普节目制作基地，开展包括防灾减灾、应对气候变化、经典气象科普、气象与社会等多个系列气象影视科普片的创制。近年来制作播出气象科普影视作品5000多部(集)，关于气象、地球环境、气候变化领域的科普专题片中有四十多部获得国家广电总局、国家新闻出版总署、中国科教影视协会，中广协、中科协、中国气象学会等举办的全国性评比一、二、三等奖。《远离灾害》是气象防灾减灾电视系列片，曾荣获2009年度国家科技进步奖二等奖。这是迄今为止科普视频获国家级别奖的最高奖项。《变暖的地球》是中国首部关于地球变暖的大型科普电影，通过大量的科学数据和缜密的分析，讲述了全球变暖的趋势和危害。影片不仅普及了气候变化的知识，而且很好展示了中国在应对气候变化方面负责任的国家形象，并号召个人积极行动起来适应与减缓气候变化。该片获得"第28届中国电影金鸡奖"最佳科教片奖。

2.1.3 气象科普报刊资源

气象科普报刊是指以报道气象科学成果、传播气象科学知识、推动气象科技进步为使命的报纸和期刊。气象行业唯一具有科普功能的报纸是中国气象报。该报在整体上十分注重气象科普工作常规报道以及科普知识宣传，在各版加大科技和科普宣传的力度，如一版"权威解读"栏目、三版"首席'聊天'"栏目等都以刊发气象专家对热点气象事件的解析为主，并推出"科普看台"，在每周五的第四版刊发科普稿件。虽然各种气象学术期刊也具有一定的科普宣传功能，但目前我国国内外公开发行的气象科普期刊只有《气象知识》一种。《气象知识》杂志始终秉承普及气象科学知识、弘扬科学文化、反对和破除封建迷信的办刊宗旨，紧密围绕气象防灾减灾和应对气候变化两大主题，面向社会大众宣传普及气象防灾减灾知识和气象科学知识，组织编发了大量公众关注和喜爱的文章，以其丰富的气象知识、严谨的科学内涵和活泼的办刊风格吸引了大批的读者。

2.1.4 气象科普网络资源

我国的网络气象科普工作日益发展和加强，气象科普网络资源也初具规模。国家级的气象科普网站有中国气象网（科普园地频道）、中国气象科普网、中国天气网（科普频道），各省（区、市）气象局的门户网站中大多开辟有气象科普栏目。中国气象网是中国气象局门户网站，虽然主要是气象政务信息公开的重要平台，但同时也是气象科普的重要阵地。网站开设"科普园地"频道，该频道设有"科普看台""气象与人""名士观点""科技之光"和"气象视界"等8个板块30多个栏目，每个栏目均有二级页面和三级页面，并实现了完备的气象科普数据查询和检索功能。通过对《中国气象报》历史资料数字化数据加工，气象科普频道实现了《中国气象报》报纸资源的电子版保存，从而为各行业提供低成本高效率的历史研究、科研教学、决策参考等相关应用。通过查询检索系统，可以检索气象术语，查询相关的气象科普信息以及中国气象报过去20多年的气象科普文章，为促进气象科普资料数据的全民共享提供了较好的平台。中国气象科普网创建于2007年，是面向广大社会公众专门从事气象科学技术普及工作的科技网站，网站主题是“气象科普服务百姓生活”。网站开设有气象服务、视频点播、灾害防御、学习园地、在线互动等版块，内容和资源十分丰富。而随着新媒体的快速发展，气象部门也开通了大量的气象微博、微信、微视、手机客户端等平台，并开发了一定数量的适合于新媒体传播的科普资源，如气象科普动画、长微博图解等。

2.1.5 气象科普展品资源

气象科普展品是指能够展示、普及气象科学知识的专用设施产品，现已成为一个重要的气象科普产品领域。气象科普展品主要的市场对象是综合科技馆以及专业气象馆等科普场所。气象科普展品主要包括展示类、互动体验类两类，展示类如气象科普展板、气象科普沙盘及气象仪器实体模型等，互动体验类如多媒体天气现象演示设备、风力自行车、模拟天气预报演播室等专用的演示设备。除了场馆中的展品外，还有一种流动科普展品，可以跟随车辆进入学校、村镇等场所。目前气象部门已经开发了模拟降雨、试试几级风等10余件流动气象科普展品，并应用于气象科普活动中，都收到了很好的活动效果。

2.1.6 气象科普挂图/折页资源

气象科普挂图是将蕴含着气象科学知识的图片和文字经过加工，制作成可以在公共场所悬挂和张贴的挂图，而折页与挂图相似，主要用于公众发放，两者都具有制作简单、成本低廉、传递快捷、展示直观的特点。随着网络化时代的到来，挂图和折页亦可通过网络进行传播。挂图中具有代表性的是《防雷避险常识》，它由气象出版社与中国气象局雷电防护管理办公室于2007年3月联合出版，旨在推进气象科普进农村、进学校、进社区、进企事业，提升公众的防雷避灾、自救互救能力。目前该挂图已面向以中小学生为主的社会公众累计发行43万多套，产生了显著了社会效益。2011年荣获国家科学技术进步二等奖。另外，气象行业多年来也开发制作了大量的气象科普宣传页，如《气候变化》系列、《防灾避险指南》系列等，在各种气象科普活动中广泛发放，传播普及气象知识。

2.1.7 气象科普场馆/教育基地资源

气象科普教育基地是我国科普设施中的重要组成部分，是开展气象科普工作的重要阵地，肩负着提高社会公众气象科学素质的历史使命。目前气象行业拥有科技部、中宣部、教育部和中国科协联合命名的国家级“全国青少年科普教育基地”17个，中国科协命名的“全国科普教育基地”55个，中国气象局、中国气象学会命名的“全国气象科普教育基地”145个。气象科普教育基地是以气象台站、研究所、业务单位和气象科普场馆为中心的气象科普群体，内容覆盖了天气气候、气候变化、空间天气、人工影响天气等分支学科，具有内容丰富、形式多样、涉及面广、科普效果明显等特点。据不完全统计，全国各级气象科普教育基地年接待参观人数达200多万人次，截至目前，已有数千万人次在全国各级气象科普教育基地接受气象知识的熏陶。

2.2 我国气象科普资源建设存在的问题

经过多年的积累，我国各级气象部门先后开发建设了大量气象科普资源，但目前我国气象科普资源还存在一定的问题和不足，主要表现在以下方面：

2.2.1 气象科普资源的共建共享不充分

多年以来气象科普资源都较为分散，一直存在着各单位资源的封闭式管理与使用问题，缺乏有效的共建共享机制，资源有效利用率低，难以实现科普资源效益最大化，并导致重复研发建设现象的发生，产生资源的极大浪费。

2.2.2 气象科普资源建设的统一指导和规划力度不够

气象科普资源建设工作缺乏统一的科学指导和规划，没有量化的既定目标和明确的科普分工。气象科普资源建设缺乏统一的理论指导，现有的理论研究还处在摸索阶段。现有的规划和意见等文件中虽有一些对气象科普资源建设的要求，但在执行过程中，由于缺乏整体的规划和全面管理，气象科普资源建设工作推进仍不到位。

2.2.3 气象科普数字化资源缺乏

目前气象科普资源还是以传统的图文形式为主，相对单一，交互性差，适用于网络、多媒体以及移动终端的数字化气象科普资源尤其匮乏。

2.2.4 气象科普资源的针对性不强

目前的气象科普资源大多是针对普通大众的，虽然针对青少年的也有一定的数量，但其内容定位与青少年的阅读习惯、理解能力往往有一些偏差，而具体针对幼儿和教师的资源尤为缺乏，这一点在网络气象科普资源方面更为明显。

2.2.5 气象科普资源的原创能力和创新性不足

原创人才较少、缺乏激励机制等原因导致我国原创气象科普资源较少，3D技术、虚拟现实等现代技术在气象科普资源建设中应用不足，自主创新和技术集成方面缺乏突破。

2.2.6 气象科普精品资源缺乏

气象科普资源虽然已经具有了一定的规模，但让公众喜闻乐见、影响力较大的精品仍然缺乏，气象科普资源建设的品牌意识有待于进一步加强。

3 气象科普资源建设案例分析

目前，我国的气象科普工作已经得到了较好的发展，气象部门在气象科普资源建设方面也做出了有益的探索和尝试，并取得了一定的成果。下面以气象科普业务系统和数字气象科技馆的建设为例，简要介绍和分享一下气象科普资源的建设思路和经验。

3.1 气象科普业务系统建设案例

前面已经分析过，我国的气象科普资源还存在着形式单一、加工能力薄弱、技术含量低、共享程度低等问题。为推进气象科普资源的整合与共享，提升气象科普产品加工能力，提高气象科普资源的共享服务水平，急需建设一款集采集、加工、管理、发布于一体的气象科普综合业务平台。气象科普业务系统正是围绕这一目标建立。

该平台由资源采集系统、资源加工系统、资源管理系统、产品发布与展示系统4部分组成。各个系统可分开部署，具有独立的操作界面和管理平台，风格可个性化定制；逻辑上各系统又相互关联，属于业务平台的4个环节，共同构成功能上完整的业务流程。通过该系统可实现采集来自国家、省(区、市)级的气象科普信息，为加工系统提供数据支撑，同时可以规范采集气象宣传科普产品，进行标准化处理并存储到气象宣传科普资源库，对库中的所有数据进行统一的管理；具有宣传科普产品加工和产品共享服务功能，实现按照固定业务流程在线进一步加工制作生成气象科普产品并共享与发布。系统中建设专家库和互动平台，互动平台可实现日常问题的自动回答功能和对热点问题、复杂问题的专家解答。

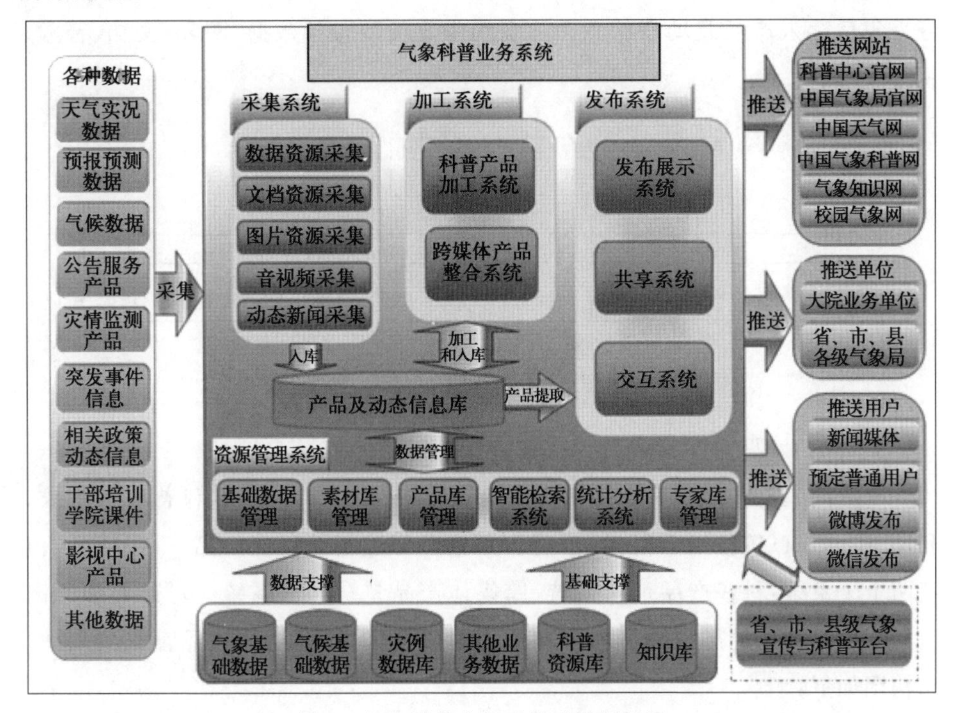

图 2　气象科普业务系统功能框架图

在这个系统中，无论是国家级还是省级用户登陆平台即可享受系统提供的相应服务，主要的气象宣传和科普资源都存储在国家级业务平台上，省（区、市）、市、县级气象部门只需要通过网络访问即可，系统的网络端具有强大的上传下载和交互功能，可以满足各级用户宣传和科普资源的共享，加工制作子系统可以对一些科普资源进行深加工，国家级和省级平台还包括基于本地的客户端，可以处理和加工一些网络端无法实现的功能，满足一些高层次的业务服务需求。用户可在界面检索已有宣传科普数据和产品、查看最新宣传科普产品，并根据实际需要利用科普数据加工制作有针对性的宣传科普产品，一键导出、推送和发布至指定的网络、微博等平台。系统中还开发有相应的模板，可以将选择的素材自动生成标准化的科普产品。

3.1.1　资源采集系统

采集系统将对各类数据或产品，如天气实况数据/产品、气候数据/产品、气象灾害数据/产品、公共气象服务产品、舆情监测产品、突发事件信息、相关政策动态信息、干部培训学院课件以及影视中心产品等，进行分类、元数据提取、拆分采集后存入产品及动态信息库。资源采集类型包括数据、图片、文档、音频、视频或动画。

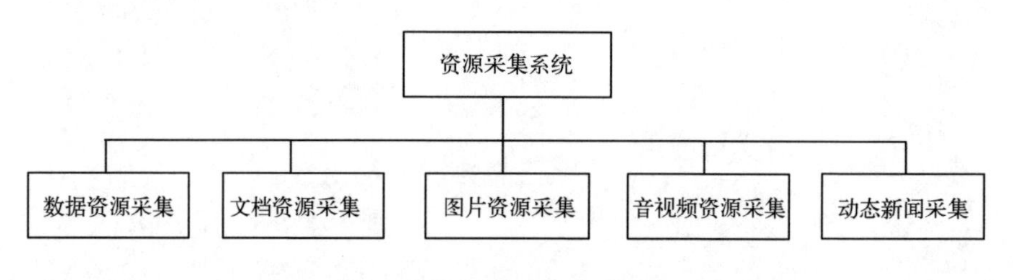

图3 资源采集系统功能框架

3.1.2 产品加工系统

产品加工是指在采集到的数据、产品、信息的基础上，根据科普服务需求，利用 Flash、3D 等技术手段，加工制作和整合形成新的科普产品。产品加工包括两个子系统：科普产品加工系统、跨媒体产品整合加工系统。对产品和动态信息库中提取出的产品进行加工和整合，然后再将整合后的产品存入到库中。结构图如下：

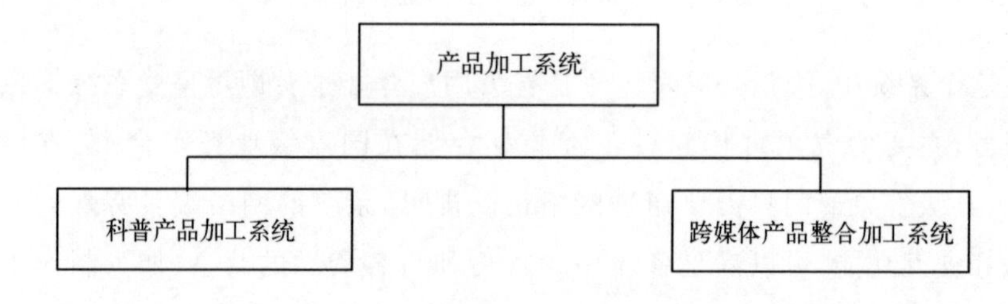

图4 资源加工系统功能框架

3.1.3 资源管理系统

该系统既是各类资源的存储、维护和管理中心，也是科普产品对外发布、资源应用的数据来源。实现多种资源的统一编目、统一存储，根据气象宣传与科普中心自有特色资源及应用价值来构建各类专业资源库，并提供强大的资源管理功能。每个库的资源可以做个性化的上传、下载、维护、浏览等操作，并提供丰富的智能检索、统计分析等功能。功能结构如下图所示：

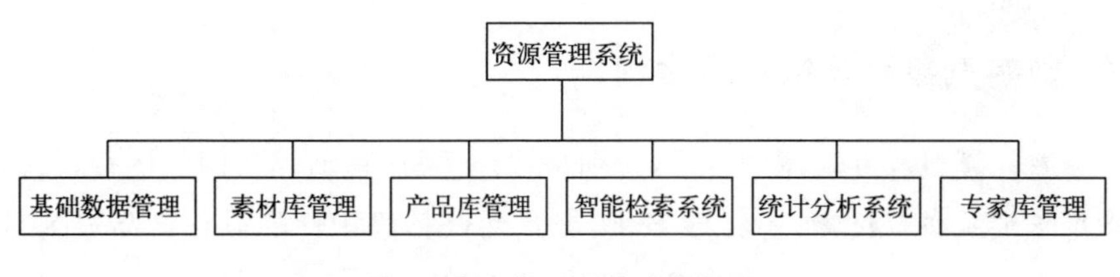

图 5　资源管理系统功能框架

3.1.4　资源发布系统

产品发布可以是多种途径发布，包括向大院其他业务单位、省市县级气象局、还可以是新闻媒体和订阅该服务的普通用户；发布途径也可以多种形式，如网页、FTP、邮箱、手机短信/彩信以及新兴媒体如微博、微信等。另外，作为气象宣传的主要途径，对外网站如中国气象网、中国气象科普网、数字气象科技馆、气象知识网、校园气象网等是重要的窗口，其内容除了服务产品外，还可以是其他气象科普信息。

根据系统需求，该系统功能结构可划分如下：

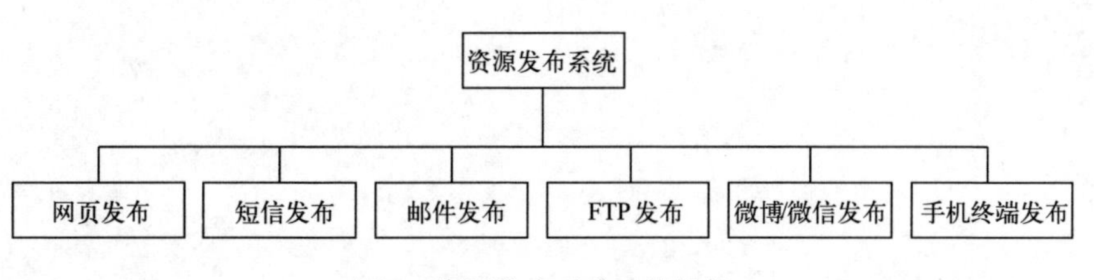

图 6　资源发布系统功能框架

3.1.5　效益分析

气象科普业务系统的建设大大降低了资源采集工作量，为气象科普产品制作提供丰富的素材；有利于实现资源和产品的统一分类、管理和存储；借助 2D/3D 科普产品加工平台，有利于快速制作出更形象直观的服务产品，并实现科普中心业务产品的常态化；有利于实现服务产品向各类新媒体（如门户网站、微博、微信、手机客户端等）的多途径快捷发布，从而实现向社会提供不同层次、不同要求的公众服务，满足广大公众对气象科普的不同需求；建成的数字化气象科普业务系统将为全国气象科普宣传提供有力的资源和产品支持，进一步推进气象科普业务化发展，从而促进气象科普工作健康发展，为提高全民气象科学素质做出贡献。

3.2 数字气象科技馆建设案例

随着计算机和互联网的普及,特别是智能手机、移动互联网的盛行,人们不再满足于纸质科普读物,各种数字化、交互性兼具娱乐性的科普产品成为科普的主力军。作为大众科普的重要组成部分,气象科普同样迎来了日新月异的技术(如流媒体动画、三维动漫技术)的冲击,人们希望将能提供更多具有强视觉效果和交互性的科普产品,并期待能以更方便、更灵活的形式去获取,如通过互联网在线方式、手机智能终端等。数字气象科技馆正是在这样的背景下应运而生的。

图 7　数字气象科技馆首页

数字气象科技馆旨在建设一个以视觉体验为核心手段,以主题情景渲染、互动情景模拟再现、虚拟现实空间漫游、多媒体信息集成、互动游戏模拟等为主要表现方式的气象科普资源展示平台。该馆整体规划建设风云变幻馆(防灾减灾馆)、我们只有一个地球馆(气候变化馆)、神秘的大气馆(大气基础知识馆)和大气宝藏馆(资源气象馆)等四个数字气象科普子馆,展示的内容丰富,形式多样,集科学性、趣味性于一体,通过图片、电子挂图、动漫作品、互动答题、视频以及益智游戏等达到多层次、多角度、多方位规划和推广气象科普资源的效果。

网站一期“防灾减灾馆”已经开发完成,包含序厅、气象灾害预警信号、人工影响天气、台风、暴雨洪涝、干旱、雷电、高温、冰雹、寒潮、雪灾、大风、沙尘暴、大雾、灰霾、道理结冰、霜冻、地质灾害、农业气象灾害、海洋灾害、空间天气等21个子馆,通过趣味性故事、Flash、卡通人物动画、视频、图片等形式,较为全面地向公众展示各种气象灾害及防灾减灾知识。除此之外还设置频道“视点”“科普游戏”“科普视频”“科普挂图”“(实体)气象科普馆”“校园气象网”“《气象知识》”,各频道共同构成网站的科普资源库,增加网站的更新度及互动性。

表1　数字气象科技馆资源矩阵

资源类型 / 网站频道	文章	图片	视频	挂图	展品	图书	课件	题库	游戏
防灾减灾馆		√	√					√	√
气象热点	√	√	√	√					
科普游戏									√
科普视频			√						
科普挂图				√					
(实体)气象科普馆	√	√		√	√				
专题	√	√	√						
校园气象网	√	√				√	√	√	
《气象知识》	√	√		√		√			

网站频道与科普资源之间采用矩阵管理规划。纵列是网站频道及一期防灾减灾馆各子馆。频道设置“气象热点”“科普游戏”“科普视频”“科普挂图”“(实体)气象科普馆”“校园气象网”“《气象知识》”;横行是不同类型的科普资源,包含图书、挂图、视频、Flash、游戏、展品等;子馆设计不一定动用所有资源,但整合、规划、再加工的资源将形成科普资源库。

1. 科普游戏

依据气象灾害预警信号、人工影响天气以及台风、暴雨、雪灾、大风、干旱、高温、雷电等气象灾种，开发运动闯关类、生存训练类、益智类、问答类等形式的科普游戏，使公众在玩游戏中学习掌握防灾减灾、应急避险等措施。

2. 科普视频

结合气象灾害典型案例及气象防灾避险指南，通过短小精悍的科普视频给予公众形象、震撼的视觉效果，在观看视频短片的过程中学习掌握防灾减灾、应急避险等措施。

3. 科普挂图

为用户提供图文并茂、简介易懂的气象科普挂图，并可实现下载传播，内容包括气象防灾减灾、气候变化、大气基础知识、防雷等系列气象科普挂图。

4. 气象科普馆(实体)

集中反映全国主要实体气象科普馆的优秀科普展项，实现网上交流学习实体科普馆展品、展项设计等。

5. 专题

以图文并茂的形式集中反映气象科普活动、科普作品征集等专题活动。

6. 校园气象网

校园气象网(http://xyqx.cma.gov.cn/)是全国各地校园气象站及气象科普工作者相关科普活动、科普资源的交流、共享平台。反映校园师生气象科技创新、校园科普作品、天气日记等校园科普活动。

7.《气象知识》

反映《气象知识》杂志期刊动态及相关科普文章，是读者、作者及编辑之间互动交流的平台。

4 进一步加强气象科普资源建设的思考和建议

4.1 加强气象科普资源的共建共享

气象科普资源的拥有主体(重点包括各级气象科普部门)之间，通过建立各种合作、交流、共建等机制，利用各种技术、方法和途径，开展包括共同展示、共同建设在内的共同利用资源的形式，最大限度地满足气象科普工作者和社会公众对于气象科普资源的需求。气象科普资源共建共享的核心,一方面是建立众多气象科普资源拥有者对气象科普资源共同建设和相互提供利用的一种机制,另一方面是建设气象科普资源共享平台,即能够提高气象科普资源生产能力、实现气象科普资源的分级管理以及使资源能在各个单位之间有效融通。

4.2 强化气象科普资源的数字化建设

随着计算机和互联网的普及,特别是智能手机、移动互联网的盛行,人们不再满足于纸质科普读物,各种数字化、交互性兼具娱乐性的数字化科普资源成为科普的主力军。气象科普资源的数字化可以从两个方面考虑:一是将已有的传统纸质资源进行简单的数字化,使其适于新媒体传播,这主要适用于图文资源;另一方面是利用已有的知识,创作具有鲜明新媒体特点的数字化科普资源,如具有交互性的动画、虚拟展馆、科普电子杂志等。

4.3 鼓励气象科普资源的原创和创新

主要从制度和机制方面考虑,如建立和完善以业务能力和科研成果等为导向的气象科普人才评价标准体系,鼓励和支持气象科技工作者参与科普工作,将气象科学知识和科技成果转化为科普资源,对成绩突出者给予表彰奖励;在专业技术职务评定条件中增加气象科普原创作品、科普奖项与相应气象科技论文、科技奖项所占比例,科普论著和其他优秀科普成果,作为评聘专业技术职称职务的依据;设立优秀气象科普资源奖项,通过评比活动鼓励科学家、科技工作者、文艺工作者和大众传媒参与气象科普创作,吸引各方共同投入到气象科普资源创作和创新中。

4.4 提高气象科普资源的针对性

开展气象科普资源需求调查摸底与分析研究工作,重点面向学生、农民、社区居民、城镇居民、公务员和企事业单位员工五大人群,了解社会公众对气象科普资源的实际需求和变化情况,有针对性地开发气象科普资源。

4.5 推进气象科技资源的科普转化

科技资源是提升科普能力、保证科普事业发展的重要基础资源之一。提升气象高校、科研院所科学实验室、气象台站对公众开放的科普能力,及时将最新科技研究成果转化为科学教育资源,增进公众对气象科学技术的兴趣和理解。另外,气象科研人员和科普工作者的科技传播能力是深化科技资源科普化的重要因素,所以需要提升这些人员的科学素养及科技传播技能,培养一批既懂气象科研创新、也懂科技传播的复合型人才,面向气象科研人员和科普工作者进行培训,加强气象科普志愿者队伍建设。

4.6 加强对气象科普资源的调查和研究

定期开展对气象科普资源的专项调查研究工作,掌握我国现有气象科普资源的类型、分布、质量、保存形式等基本情况,依据资源分布的实际特点,选择重点单位和地区进行全面普查,并对现有资源进行分析、筛选、整合,及时摸清家底并建立相关数据库,对我国的气象科普资源进行动态管理,为有序开展气象科普工作提供基础保障和科学依据。采取有效措施,进一步加强对气象科普资源的基础理论、资源配置和区域科普资源、科普资源政策、平台建设和具体措施等方面问题的研究;进一步加强对科普资源和科普能力建设的理论与实践研究,形成具有重要支撑作用的研究成果。

4.7 加大气象科普资源建设投入

建立健全气象科普资源建设财政投入的稳定机制,将气象科普资源建设经费纳入总体气象科普财政预算。同时可以将气象科普资源研发、生产经费纳入到公共财政之中,以公共财政采购公共服务,并转化为一种社会福利;建立和完善多元化、多层次、多渠道的气象科普资源建设投入体系,要积极实现科普资源建设投入从政府配置资源为主向建立多元化的创新投入体系转变,充分发挥政府投入的引导作用,鼓励企事业单位及社会组织带资参与气象科普资源建设。

参考文献

[1] 何丹. 科普资源配置及共享的理论与实践[M]. 北京:冶金工业出版社,2013.

[2] 任福君. 关于科技资源科普化的思考[J]. 科普研究,2009(3):60-65.

[3] 郑念. 科普资源建设的基础理论研究报告[R]. 2007.

中国气象科技展厅发展现状与对策建议

姚锦烽　徐嫩羽　左　骏

（中国气象局气象宣传与科普中心，北京 100081）

摘要：本文根据中国气象科技展厅运行情况，分析作为科普教育基地，展厅通过组织气象特色主题活动，举办临时展览，在传播气象科学知识中发挥的阵地作用，并分析目前存在的展项落后、场地经费有限等突出问题，探讨展厅下一步建设与创新发展的措施与思路。

关键词：气象科技展厅　科普基地　现状　对策

引言

近年来，自然灾害频发，其中70％以上是气象灾害及其引发的次生灾害，人们越来越意识到天气、气候变化对人类安全和福祉的影响，同时，也唤起社会各界对防灾减灾工作的高度关注和重视。科普基地因为其在传播科学技术、宣传科学思想的阵地作用，备受各级科普相关单位重视。科普基地是开展社会性、群众性、经常性科普活动的有效平台，是弘扬科学精神、普及科学知识、传播科学思想和科学方法的重要载体，是科普事业的重要组成部分[1]。近年来，气象部门纷纷加快了科普基地的建设步伐，大多数省局已建成气象科普基地并向公众开放，一部分省区市气象局也已经或计划建设科普基地，个别条件好的县局也建起科普基地。起步晚的地方正加紧建设，起步早的地方已进行第二轮改建和扩建。全国各地的气象科普基地建设，搭建了一个宣传气象科普和防灾减灾知识的平台，成为传播气象科技知识的窗口和对外开展科普宣传活动的阵地[2~6]。

中国气象科技展厅(以下简称展厅)在这种大形势下,于2006年建成,并于当年世界气象日期间正式对外开放。展厅始终坚持强化气象灾害防御科普宣传能力建设,以普及气象科技知识,倡导科学方法,传播科学思想,弘扬科学精神为己任,不断践行"以人为本、无微不至、无所不在"的气象服务理念,搭建传播防灾减灾和应对气候变化知识的科普平台,也为社会各界全面了解气象现代科技发展提供了一个重要窗口。

近年来,展厅在场地、经费有限的情况下,注重规范管理,与时俱进地更新展览内容和科技展项,注重创新科普展览理念,引进社会科普力量,推动气象科技知识、专家资源与现代化声光电展览展示手段的有机融合,特别是根据现代气象业务体系建设进展、奥运气象服务、重大气象服务、公共气象服务的发展,及时进行了内容更新,在重大活动与日常接待中发挥了重大科普作用。

1 中国气象科技展厅现状

1.1 展厅基本情况

中国气象科技展厅建成以来,始终坚持以传播防灾减灾和应对气候变化知识为重点,成为社会各界全面了解气象现代科技发展的重要窗口为定位,充分运用浮雕、模型、展板、多媒体演示系统、触摸屏系统、电子书、趣味气象游戏、球幕投影系统等多种形式,注重气象、艺术、高科技展示形态的有机结合,充分展示气象科技发展的过去、现在与未来。

展厅内容上体现了"公共气象、安全气象、资源气象"的发展理念,在对历史回顾和弘扬悠久气象文化的基础上,紧扣世界科学技术发展脉搏,通过发展历程、辉煌成就、应用领域和发展前景四个部分,展示建国以来特别是改革开放以来中国气象事业现代化建设的成就,展示气象科技在经济、社会可持续发展中的重要作用,展示气象工作的服务领域、服务能力、服务水平和服务产品,展示中国气象事业的发展理念和发展前景,展示气象人的科学和奉献精神。

展厅于2010年被中国科协评为"全国科普教育基地",2012年荣获中国科协颁发的“优秀全国科普教育基地”称号，2013 年评为“北京市科普教育基地”，并成为“北京市科普基地联盟”成员单位。

1.2 现状

1.2.1 开放接待情况

展厅自建成以来，平均每年接待观众近 10000 人次，近三年来，平均接待观众达 15000 人次，接待过来自国家发改委、财政部、环保部、信访局、人防部等部委单位；接待过来自中国报协、全国青联、宇航协会等各社会团体；接待过来自中国少年科学院科学集训营、中国少数民族大学生参观团、香港大学生北京实习团、北京实验二小、中关村二小等大、中、小学生团体；还有来自世界气象组织的国际官员、前来气象局培训的各个国家的学者团队。

1.2.2 依托展厅开展气象科普活动情况

每年世界气象日期间，展厅都会组织开放活动。世界气象日开放日当天，展厅连续 5 年邀请北京市中小学气象兴趣小组的同学作为“小小气象讲解员”参与到活动中来。2014 年，世界气象日主题为“天气和气候：青年人的参与”，因此，展厅特意邀请了 10 名来自苹果园中学的学生和 8 名中国气象科学研究院学生担任志愿讲解员，让中学生与研究生结对，既可以培养他们的讲解能力，还能激发对气象科学的兴趣。这种由志愿者参与活动的讲解形式，在多年的实践中收到了很好的效果，志愿者们不仅学到了气象知识，更将气象知识传播得更广泛。

组织防灾减灾日、科技周、全国科普日等纪念日主题科普活动。其中，参加 2013 年中国科协组织的全国科普日北京园博园主场活动，国务院副总理刘延东同志在参观气象展区时，对气象科普工作表示了充分肯定。

组织了“科学看片会”“网络大课堂”“气象播报员体验之旅”等系列体验探究活动，形式新颖，反应良好。

策划、举办“国家气象体验之旅”中小学生暑期活动。活动让孩子们近距离了解了天气预报的制作和发布过程，接触了先进的气象科学技术，收获了防灾减灾和应对气候变化知识。

组织流动气象科普万里行活动，推进气象科普进学校社区。展厅充分联合社区、学校，每年多次开展气象科普进社区、进学校活动。2013 年以来，展厅利用流动科普设备先后前往什刹海街道、北下关街道、苹果园中学、第156中学、羊头岗小学等单位，组织气象专家，结合当前气象热点话题，针对受众情况，开展专题讲座。活动现场还展出了系列科普展板以及流动气象科普展品，受到了观众的欢迎。

1.2.3　跟进社会热点，举办临时展览，加强传播效果

展厅在正常开放的同时，积极关注社会热点，通过举办临时展览等活动满足公众对于气象科学知识的需求。配合第三次全国人工影响天气工作会议，承办全国人工影响天气专题展，郑国光局长陪同回良玉副总理视察展览。展览从内容安排到形式设计都考虑周到，得到各级领导的一致好评。承办全国政协气象科普知识展，原中共中央政治局常委、全国政协主席贾庆林等领导同志观看了气象科普知识展，给予高度评价。配合第四次全国气象科普工作会议，承办气象科普专题展。综合运用展板、视频、触摸屏等多种展览手段，流动气象科普设施完成设计，并在专题展展示，专题展得到与会领导的一致好评。

2013年世界气象日期间，展厅结合主题，与华云公司联合推出"气象观测设备科普展"活动，针对此次活动，展厅设计制作了近20块展板，详细地介绍了综合气象观测系统、气象观测仪器以及沙尘暴、雷电等常见气象灾害的防御知识，结合华云公司现场的观测设备模型，生动形象地向公众普及了气象观测的相关知识。

1.3　工作成效

1.3.1　接待预约参观人数增幅显著

近三年来，展厅年接待总人数和单位数每年都有大幅度提升，以2014年为例。2014年1月至7月12日，中国气象科技展厅接待总人数过万人。除"世界气象日"外，接待预约参观达50多个单位，近2600人次。其中，接待国家相关部委18家，占所有参观单位的36%；大中小学20家，占所有参观单位的40%；企业4家，社会团体3家，国际培训班5家。与2013年同期相比，今年接待的单位数量是去年同期的2倍，接待人数比去年同期增加约30%。其中，接待国家相关部委比去年同期增加11家，接待大中小学比去年同期增加7家，接待国际培训班比去年同期增加4家。

1.3.2 加强业务管理，提高讲解质量，收集各方意见，提升服务能力

2014年以来，展厅多次派员参加中国科协、北京市科协、市科委举办的各类学习班、讲解员交流等各类活动，学习其他科普教育基地的先进经验，加强制度管理和自身讲解能力，积极与观众互动，注重收集观众意见，科普服务效果有显著提升。仅以“防灾减灾日”期间为例，展厅结合2014年防灾减灾日“城镇化与减灾”主题，精心设计，认真准备，根据参观人群的不同有重点地介绍与其相关的气象科普知识，尤其是展厅在接待中央直属机关事务管理局培训班和国家行政学院厅局级公务员任职培训班过程中之后由于对活动效果非常满意，很多培训人员回原单位后，纷纷组织各自单位前来参观。展厅进一步根据各单位行政职能与气象行业的结合点，有目的有重点介绍，获得了各单位的热烈好评。此外，展厅还多次接待“回头客”，由于在世界气象日期间展厅给他们留下了深刻印象，在近几个月他们又不断组织单位的其他同事们前来参观。其中，还有位来自北京市中关村三小的同学在参观完之后回学校创建了气象兴趣小组，并带着兴趣小组的全体同学前来参观学习。

1.3.3 加强对外拓展，积极提高气象科普覆盖面与影响力

展厅还与北京市崇文区青少年活动中心等单位加强联系，因地制宜开展气象知识小竞赛，让小学生们带着问题去参观，提高了同学们对气象科学的关注度，加深了对气象防灾减灾知识的认识，活动取得了良好的效果，并准备做成每年一次的系列活动。展厅与光明网、中国数字科技馆联合组织“宝贝报天气——我是气象播报员”活动，活动期间微博话题讨论阅读量达到253万人次，评论数达5706次，收到1200余份参赛作品，其中音视频作品700余份，最后活动在北京、上海两地落地实施，参与活动的优秀参赛者获得体验气象播报和参观中国气象局和上海气象局的机会，通过线上线下的联动配合，取得良好的社会反响。展厅与中国儿童中心加强合作，根据儿童中心观众年龄段较小，多为亲子活动特点，利用开发的气象折纸产品，设计气象观测绝色扮演游戏，获得很好的效果，受到了儿童中心和家长孩子们的欢迎。

此外，展厅积极发挥社会资源力量，加强与北京市科协、市科委、中国科技馆各方面的合作。展厅与中国科技馆展教中心加强联系，多次交流科技馆“气象之旅”展区参观情况，并就如何充分发挥“小球大世界”等重点展项的科普效

果多次沟通，暑期邀请NOAA“小球大世界”原创团队专家对展区讲解员开展培训，并现场开展宣讲活动，充分展示其展项的魅力。

展厅组织的“国家气象之旅体验”活动参与北京市科普基地优秀主题科普活动评选，目前已进入复赛，正在评选中。展厅组织科普展项首次参与北京市科委社会项目征集，也已进入复赛阶段。

1.3.4 加强对外宣传，展厅自身影响力不断加强

不断加强自我宣传，积极联系中国科学报、少年科学画报对展厅进行专题报道，较好地提升了展厅对外的影响力和知名度。2014年6月6日，《中国科学报》刊登《看得见摸得着的“气象”》一文，对展厅进行了专题报道，得到了郑国光局长的批示。《少年科学画报》也以《万万没想到》为题对展厅进行了专题报道。

2 存在的主要问题

2.1 定位问题

展厅建设初期作为展现气象部门业务的窗口，主要承担展示气象部门业务工作的责任，介绍气象部门业务和气象服务为主，虽然名字为“科技展厅”，但不管从展项内容到展项表现形式来说，科技含量都不高，没有反映出近些年来气象事业迅猛发展的良好局面，也没有体现出气象现代化水平。展厅内容也以展板表现为主，缺少与观众的有效互动。而且，中学生观众比例越来越高，学生对于展项的互动性和内容的吸引力要求较高，因此展厅定位问题亟需调整，应该考虑加强互动体验。

2.2 展项设备老化落后，展板内容陈旧

展厅自2006年正式开放以来，仅对部分展项作了调整，未进行大规模改造，大部分展项都面临设备老化问题，如展厅内使用多媒体设备较多，很多电脑、投影仪等设备早已超过使用寿命，目前正处于设备崩溃的高发期；显示屏、数码相框等分辨率较低、演示效果较差，严重影响参观体验和感受。展厅内展板内容陈旧，表现形式较为单一与老套。

2.3 专业人才队伍欠缺

展厅目前工作人员都由中国气象局气象宣传与科普中心科普部人员兼职，并无专职人员，因此，在科普活动策划、科普讲解、科普产品开发制作等各方面的能力有所欠缺，不能满足作为一个专业性科普基地的需要。

3 对策与建议

3.1 找准定位，科学规划，加强展厅规范管理

通过深入分析受众需求，结合中国气象局实际情况，深入调研相关科普基地建设情况，组织专家科学论证，找准展厅发展定位，制订切实可行的3～5年的发展规划和具体实施的年度计划，并根据实际情况滚动修订，以指导展厅建设和发展。此外，展厅可持续发展，必须走正规化和规范化道路。调研学习国内外专业科技展馆的成功经验，结合自身资源和特点，积极探索，制订出一整套科学、合理、规范和严密的参观程序，从线路、项目、演示到讲解，都实现程序化和规范化，并制订严格的规章制度。

3.2 充分利用现代技术，结合气象信息，提高展厅展项互动性

现代技术对于揭示展示物的内涵，丰富展示物的表现力，激发公众的求知欲和探索精神都很有帮助[7]。展厅作为展示气象现代化的重要窗口，应当充分依托中国气象局气象信息技术优势，加强气象科普展项产品研发；依托展厅开放条件，恰当地运用自动控制技术、仿真技术、虚拟现实技术、影视技术等手段。这些资源都有利于扩充展品内容，强化展示手段，提高展厅互动性，从而加强传播效果。此外，加强与全媒体融合，展项中加入二维码扫描，加强与微博、微信等新媒体形式的互动。

3.3 加强队伍建设，加强学习，提高工作人员自身水平，不断加强服务质量

加强展厅人才队伍建设，制定人才队伍建设与培训的实施方案，建立创新奖励机制，吸引广大科技工作者和其他专业人才加入科普志愿者队伍，激发参

与科普工作的热情。定期培训和学习，组织参与科普实践，提高科普讲解员和报告员的科普工作能力。加强与其他科普基地的经常化交流，通过提高讲解水平，提高服务质量。此外，重点加强对参观观众意见建议收集，探索科普效果评估机制方法。

3.4 突出特点，紧抓重点人群，创新科普活动形式，加强科普效果

科普基地是补充学校教育和进行成人终身教育的最好平台之一[8~9]。目前展厅受众中青少年的比重越来越高，因此展厅应该突出气象科普教育特点，紧抓青少年人群。通过拓展教育渠道，创造性地开展科学教育，不仅能使学生主动地去参与科学活动，从而提升自己的科学素质，还能丰富学校的教育内容，使气象科普教育资源得到有效利用。

展厅开展针对性地为学校教育服务的科普活动，辅助学校完成一定的教学任务；注重对学校科技教师的沟通交流工作，与学校间真正形成互动；通过举办讲座、培训、竞赛等多种活动，满足学生的科普需求，针对不同年龄段学生，因地制宜开展科普剧、科普实验、科普体验等活动，对青少年产生粘性，长期关注气象科普。

3.5 充分利用社会资源，加大展厅宣传，加强对外合作

展厅进一步强化展示手段，要通过网站、与新闻媒体联合制作宣传节目等多种形式，进一步加强宣传工作。积极参加中科协、北京市科协、市科委主办的各项活动，不断提高自身的社会影响力。同时，不断加强对外合作和项目发掘工作，通过参与社会项目，借用外力加强气象科普能力。

参考文献

[1] 北京市科学技术委员会，北京市科学技术协会. 北京市科普基地命名暂行办法[S]. 北京：科学技术委员会，2007.

[2] 覃峥嵘，李耀先. 广西气象科普工作的现状及发展对策[J]. 气象研究与应用，2009，**30**(2)：98-100.

[3] 黄永新. 广西气象科普教育基地现状与发展思路[C]//中国气象学会. 气象科技与社会经济可持续发展：中国气象学会2005年年会论文集，北京：气象出版社，2005：125-127.

[4] 朱英. 与时俱进，促进我区气象事业又好又快发展[J]. 气象研究与应用，2009，**30**(S1)：

211-215.

[5] 丁建武. 加强气象科普教育基地建设和作用发挥的思考[C]//中国气象学会. 气象科技与社会经济可持续发展：中国气象学会 2005 年年会论文集，2005：105-109.

[6] 何学勇. 气象科普基地发展现状及对策建议[J]. 陕西气象，2004 (6)：49-50.

[7] 董国豪. 技术时代中国科普的使命[J]. 科普研究，2007(1)：10-14.

[8] 刘一瑞. 对科技场馆如何开展科普活动的几点思考[J]. 科技论坛，2014(4)：33.

[9] 中国科学院学部. 加强科普场馆在科普工作中的作用[J]. 中国科学院院刊，2010(4)：434-435.

气象科普产品研发的创新探索

刘晓晶 唐立岩 田依洁 王海波 陈云峰

（中国气象局气象宣传与科普中心，北京 100081）

摘要：结合近两年的气象科普产品需求调研和开发的工作实践，总结了气象科普产品开发的思路和方法。着重从气象科普产品需求、科普产品研发的案例、科普产品的实践运用等方面，探讨了新时期如何创新气象科普产品研发，做出真正接地气的气象科普产品，同时也对未来气象科普产品研发的方向进行探讨。

关键词：科普产品 公众需求 产品研发 创新 建议

引言

《气象科普发展规划(2013—2016)》提出面向发展公共气象服务需求，大力普及气象科学知识[1]。气象科普产品作为气象科普工作的有效载体能够提高受众科学知识的接受频次和持续时间。为配合各地开展气象科普宣传的需要，开发公众喜爱的科普产品，我们开展了多种形式的调研，了解公众对气象科普产品的需求。根据调研结果，我们开发了一系列气象科普产品。根据用户的反馈，这些气象科普产品受到不同人群的喜爱，也给我们提供了很多改进的意见和建议，我们也对已有的产品进行升级改造，探索创新开发模式，以期更能满足公众需求。

1　从公众需求出发了解公众期待的科普产品

广义上，科普产品是指可传播科学与技术的所有产品，包括图书、音像制品、科技展览展品展项、科技工具用具乃至带有科学寓意与技术含量的玩具等，均可视为科普产品；狭义上系指专门用于科普机构、服务于科学传播的工业品[2]。新时期气象科普工作存在以下问题：气象科普面与社会公众对气象科普的需求不对称，社会公众对气象科普的需要越来越大，而社会公众喜闻乐见的气象科普产品形式不多[3]。

1.1　气象部门科普产品概况

目前气象部门的气象科普产品还是比较传统的，主要分为四类：科普图书；科普宣传页；科普展板；新兴科普传媒。

科普图书的优点在于传播方便、知识信息量大，但事实上，现有的不少气象科普读物专业性较强，通俗性不足，与公众的阅读能力和知识理解程度不相适应。而且比较枯燥的防灾减灾理论知识，其吸引力明显不足，导致人们接受度不高，效果不理想[4]；科普宣传页优点是宣传重点突出，便于携带，利于传播，但内容多枯燥单一、不利于记忆保存；科普展板具有图文并茂、灵活、环保、宣传效果好的特点，但其内容更新慢，携带不便、成本高；相对于展板等比较传统产品来说，体验训练式产品的设计生产所需的技术比较先进与复杂。

基于目前气象部门已有的科普产品现状，开发能满足公众期待的科普产品是目前亟待解决的一大问题。

1.2　公众对气象科普产品的需求分析

近两年，我们通过在“3·23”世界气象日等大型气象科普活动中实地发放调查问卷以及面向全国各省（区）气象局负责气象科普宣传的人员发放调查问卷等方式，调研公众对气象科普产品各方面的需求，收回273份有效问卷。主要有以下结论：

1.2.1　公众对气象科普产品的关注程度

调查中共有97%的公众对气象科普产品感兴趣，其中表示非常感兴趣的占

45%。另一方面,有18%的公众经常购买气象科普产品,57%的公众偶尔购买科普产品,24%的公众从没买过科普产品。这表明公众对气象科普产品有很大的需求,我们的气象科普产品需要进一步加强吸引力(图1)。

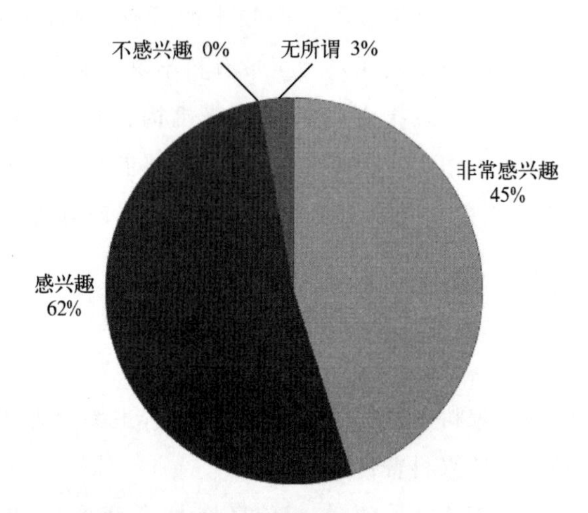

图1 公众对气象科普产品的关注度

1.2.2 公众获得气象科普产品的途径

问卷中提出的气象科普产品的获得途径很多,其中通过气象部门赠送的占59%,从气象部门购买的占26%,这体现了气象部门近些年对公众的气象科普覆盖面逐渐扩大,其次是公众从科普场馆购买和赠送产品的公众分别占28%和2%,表明科普产品在科普场馆内受到了公众欢迎。公众从科普活动期间购买和赠送的产品的占17%和13%,网上购买和其他(比如书店)等占到7%和1%(图2)。

1.2.3 公众希望通过气象科普产品了解到的知识

从公众希望通过气象科普产品了解哪些方面的知识调查结果看,公众希望了解的知识是多方面的(多选),选择天气预报制作和气象防灾减灾知识的比例相同,占到44%,说明天气预报和气象防灾减灾知识对公众的影响比较大,气象科普产品下一步的开发工作仍然要以此为重点。另外,气象部门业务介绍和天气气候科普知识普及也是部分公众希望了解的知识,分别占到34%和31%,气象科普产品也需考虑到这方面的知识普及,另一方面,应对气候变化和气象传统文化也对公众有着吸引力(图3)。

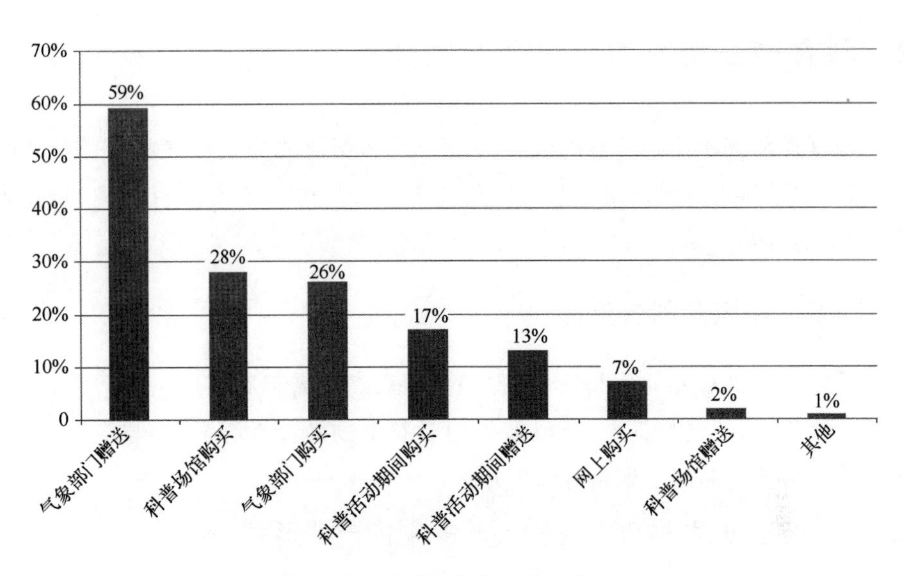

图 2　公众获取气象科普产品的途径

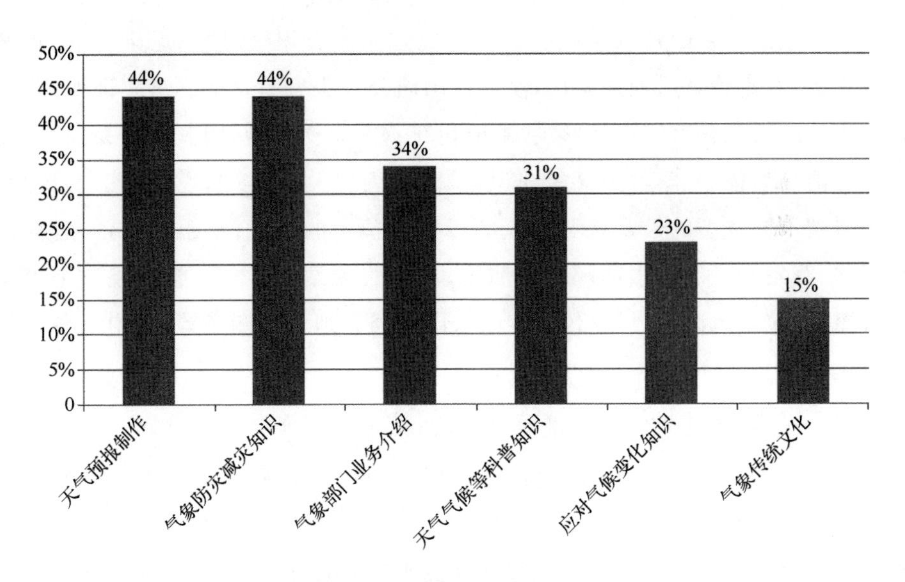

图 3　公众希望通过气象科普产品了解哪方面的知识

2 科普产品研发的思路和案例分析

根据目前气象部门已有的气象科普产品和调研的公众对气象科普产品的需求，我们近年重点研发出一系列气象科普产品。主要有手工、互动类、新媒体类、动漫类科普产品。

2.1 手工类气象科普产品

根据前期调研结论，目前气象部门的科普产品普遍存在的一个问题是：公众参与度不够，尤其是青少年群体，他们对新事物的好奇心强，参与愿望强烈。手工类的科普产品研发思路有以下几种：

2.1.1 借鉴国内外已有的气象科普宣传产品形式"本地化"

众所周知，国内外一些网站的在线教育资源丰富，而且图片高清美观。例如：NOAA（美国国家海洋和大气管理局）、WMO（世界气象组织）等官网有很多供公众下载的科普图片或教程。我们在此选用看云识天、厄尔尼诺转盘、水循环等内容，专家论证后加工制作，使之让国内公众更容易接受。事实证明，我们把国内外的气象科普宣产品形式"本地化"后，非常受欢迎，因其简单易操作，使用者也能真切体会、学习到气象知识。（图 4 看云测天：按照说明手工制作后，可以看到不同类型的云及该云对应的特征和预示的天气；水循环：制作后会得到降水、蒸发和径流的水循环过程演示；小小气象站：制作后，会组成一个简易的气象站，包括风向标、风速仪、百叶箱、雨量器和地温观测场等，并附上各种仪器的说明。）

2.1.2 公众喜爱的、参与度高的物品或场地"立体化"

一直以来，大部分公众对气象部门有很强的"神秘感"。部分有条件的气象部门只有在少数时间对公众开放参观，而地面气象观测场作为比较适合气象科普的场地也是鲜为人知。气象观测是气象业务的基础，地面气象观测是气象观测的重要的组成部分。因此，我们遵循严谨、科学的原则，同时不失趣味的前提下，根据实地考察，研发制作了 3D 立体纸模——气象观测站（图 5）。

图 4　科普手工产品

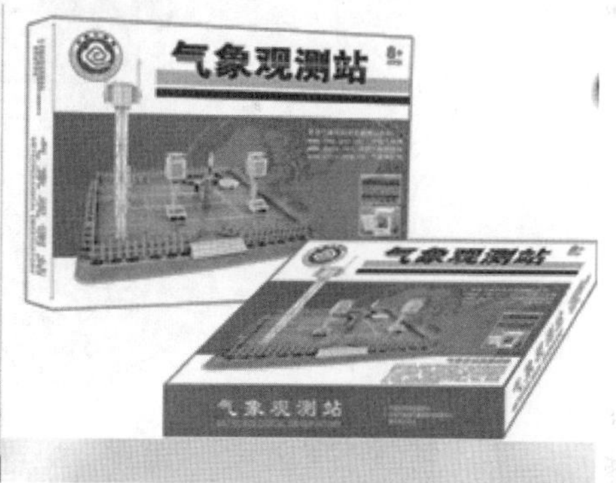

图 5　3D 立体纸模——气象观测站

3D 立体纸模产品相比手工类产品，不用任何辅助工具，具有拼装简单、造型逼真、成型牢固、环保安全、立体感强的优点。此款纸模手脑并用、内涵丰富、寓教于乐，外包装上附气象台站科普知识，包括气象台站功能、发展简史、观测项目、常用观测仪器等。此款产品受到中小学生喜爱，他们反馈此款纸模参与感强，富有乐趣，拼装完成后有成就感，同时也了解了气象观测站知识。

根据用户反馈和建议，我们还开发了公众感兴趣的其他 3D 立体纸模产品。包括应急指挥车、人工影响天气火箭车、气象雷达塔等。把气象部门比较有代表性的物品“立体化”，通过使用者亲手拼装、参与、制作、操控，拉近气象与公众的距离(图 6)。

图 6　3D 立体纸模产品

2.2　互动类科普产品

为加强气象科普能力建设，强化科普为基层服务能力，有效提高气象科普设施水平，提高气象科普的覆盖面和影响力，我们从 2012 年开始研发流动气象科普设施。2013 年在北京、辽宁、河北、湖北等省开展“流动气象科普万里行”活动，取得一定成效。在前期积累经验的基础上，2014 年我们联合省级气象部门，重新规划流动气象科普设施，对科普展品进行模块化设计，在认真调研和征求意见的基础上对流动气象科普设施进行升级改造，重点开发互动性强的宣传科普产品，包括体验式电子翻书（红外感应式）、科普互动游戏（红外触屏），以及模拟降雨演示（如图 7，含互动视频讲解）、地基观测系统（含互动视频讲解）、风云卫星模型（含互动视频讲解）。这些产品适合在室内展馆或室外做科普活动时使用,使用者可以亲自操控,达到了某种程度的智能化,互动感极强。流动科普设施实现了用户不再是科普信息被动的接受者,而是在游戏过程中接受气象科学知识。

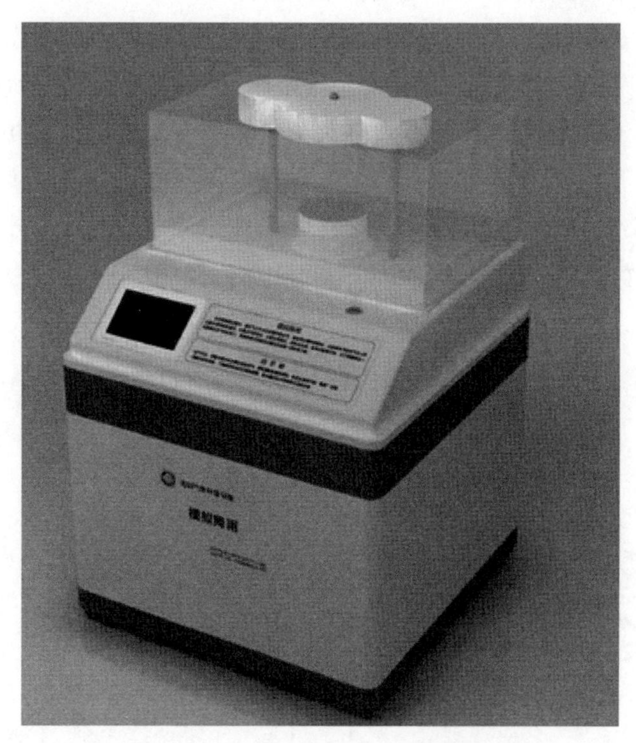

图7 流动科普设施——模拟降雨

2.3 新媒体类科普产品

新媒体与科学普及具有天然的契合性。在给人们带来全新生活模式和理念的同时,新媒体也为气象科普提供了新的平台和发展机遇。新媒体空前地扩大了气象科普的主体范围。一方面,新媒体激励了从事气象科普的个体和组织的热情。通过新媒体,气象科普工作者可以第一时间知晓用户的信息需求,广泛收集、倾听受众的意见反馈,以便针对用户的多样化需求及时创造出优秀的科普作品。另一方面,新媒体让人人都成为潜在的科普主体[5]。

我们充分利用《气象知识》官网、校园气象网、中国气象科普网等网站,以及《气象知识》微博、校园气象网微博、《气象知识》微信等平台,及时发布气象防灾减灾、天气过程解读、气象与生活常识等科普知识。紧跟网络和新媒体发展潮流，开发适用于新媒体传播的气象科普 gif 格式小动画，并通过微博上开辟的话题“动图说气象”发布。仅 2014 年汛期期间共推出 10 余期，总阅读量达 517.5 万，被众多官方微博大量转发，并得到广泛的好评。其中“降雨量级的那些事儿”单条微博阅读量 42.3 万，强对流天气过程、雷电发生原理小动画的阅读量均达 30 万以上，转发量 200 余条。这类新媒体产品实现了传播方式由金字塔式的“自上而下”到网格式“点对点”的完美蜕变，使科普发起人与接收者能够一对一地互动交流，充分调动起受众接受科学知识的积极性和主动性，从而获得良好的传播效果(图 8)。

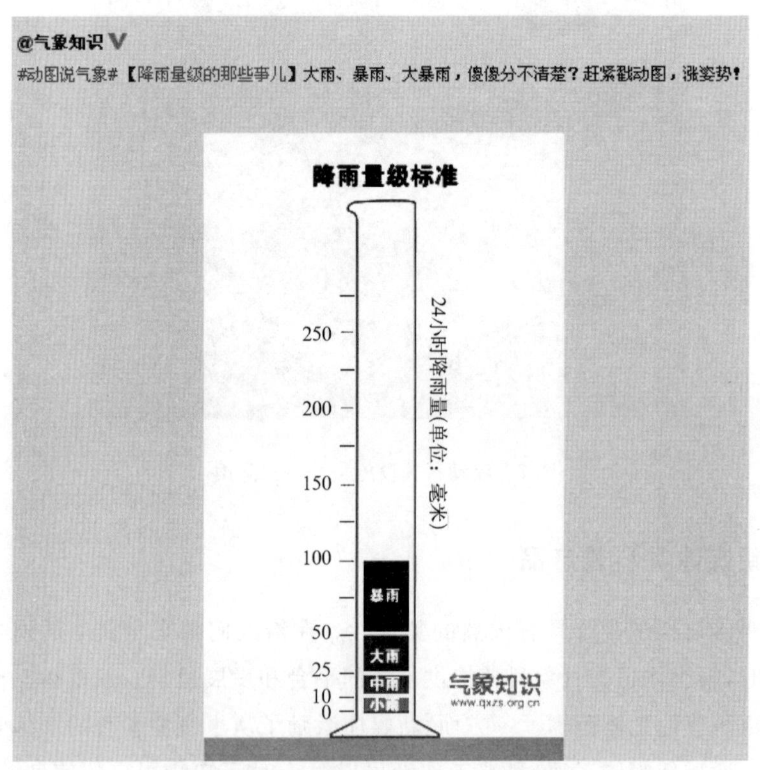

图 8　动图说气象——降雨量的那些事儿

2.4　动漫类科普产品

科普产品的研发不只需要我们气象部门的努力，更需要集思广义。为丰富气象科普的形式和内容，吸引广大高等院校学生积极参与气象科普作品创作，激发高校大学生原创气象科普动漫的新理念、新创意、新思路,为大学生参与科学传播搭建社会实践平台,我们 2014 年举办全国首届大学生气象科普动漫创作大赛。作品围绕“气象防灾减灾与应对气候变化”主题。选拔出的作品有动画类、游戏类、漫画类作品。这些作品整体构思新颖,寓教于乐,创作手法和表现形式有独创性,语言生动流畅、富有特色,具有感染力;这些作品丰富了我们的气象科普产品内容,也为我们研发其他相关科普产品提供了借鉴。

3 气象科普产品研发的未来方向和建议

3.1 气象科普产品研发的方向

首先要加强科普产品数字化开发。数字技术的兴起为科普产品的开发和推广带来了重要的契机。我国数字化科普电视、科普网络期刊以及科普网站正在快速发展。国内主要的数字杂志发行平台上也已经拥有了上百种数字化科普期刊。我们的气象科普图书、杂志未来必然要向数字化方向转变。科普影视类产品也开始了向数字化形式转换的过程。我国央视著名的科普类节目《探索·发现》以及美国著名节目“Discovery”就已经将每一期节目制成了光盘并出版发行。除了实现既有科普展品的数字化转变,数字技术还能帮助研究人员开发出一些新型的科普产品。例如“中国科普博览”就是通过将中科院的科学资源转换为虚拟博物馆形成的,它目前已经包括了 13 个英文虚拟博物馆以及 60 个中文虚拟博物馆,涵盖了社会科学以及自然科学的大部分领域,并通过互联网对外发布[6]。气象科普场馆或气象观测站等也可以通过数字化转换为更为贴近公众的虚拟场馆。另一种新型数字科普产品就是科普类游戏,其中既有适合儿童学习的小型游戏,也有内容丰富,适合大人使用的大型游戏。例如我们可以针对不同年龄段儿童智力发育或成年人的的不同需求设计一系列的 Flash 游戏,让孩子和成人在游戏中学习气象科学知识,达到良好的科普效果。部分产品也可以开发成 APP(智能手机的第三方应用程序),因为 APP 在功能上具有资源的有效挖掘与集成、个性化定制与推送、方便获取、迅速传播、功能丰富及形式有趣等优势[7]。这也是现代气象科普产品研发的大趋势。

其次,更加注重气象科普产品与公众的双向互动。科普产品从来不应该是单向灌输,无论是我们目前开发的手工类科普产品还是 3D 立体纸模系列产品或是流动科普设施、动漫产品等，我们旨在开启气象科普产品与公众双向互动的大门，未来还有更多互动性更好的科普产品需要创新，值得研发。同时我们还要积极收集用户反馈意见，改进、升级已有的科普产品。

3.2 科普产品研发的建议

首先，要加强科普产品研发队伍建设，提高科普产品研发人员准入标准，开展气象科普研发资格认证工作；其次，应通过科普网站、手机、移动电视等媒介和微博、微信等方式建立开放式的产品研发信息平台，方便科普产品研发人员学习新的国内外科普产品形式，提供更好的产品研发思路；再次，开展科普产品研发竞赛等活动，激励更多人员参与到气象科普产品研发队伍中来。

参考文献

[1] 中国气象局. 气象科普发展规划(2013—2016)[EB/OL]. 2012-12-26.

[2] 王翔. 基于创新时代背景下的科普产品思考[J]. 科协论坛,2013(10):26-27.

[3] 刘林霞. 对做好新时期气象科普工作的若干思考[J]. 湖北气象,2005(2):8-10.

[4] 杨屹,陈锋,安东,等. 防震减灾科普馆及科普产品发展方向探索[J]. 城市与减灾,2013(4):27-30.

[5] 罗子欣. 新媒体时代如何创新科普[DB/OL]. http://news.gmw.cn/2014-01/18/content_10153796.htm,2014-01-18.

[6] 周荣庭,黄堃. 科普产品的数字化创新[J]. 科普研究,2008(5):33-37.

[7] 高鹏. 科普产品数字化技术的相关探讨[J]. 信息科技,2010(20):217-225.

新媒体时代为何流行“图个明白”?
——气象科普图形化及新媒体传播的探索实践

叶海英

（中国气象报社CMA网站中心，北京 100081）

摘要：随着新媒体在网络传播中主体地位的加强，在手机等新媒体的普及在新的媒介生态下，气象工作如何应对由信息共享所带来的变革，以期在媒介大融合的背景下，更好地进行气象科普传播，成为重要课题。2013年以来，中国气象局网站在借鉴和参考其他优秀网站科普形式的基础上，结合气象专业的自身特点，开创了气象科普图解、“图个明白”等栏目，对科普内容进行图形化解读，同时，利用新媒体广泛传播，受到了网友的欢迎，在新浪微博、微信获得了大量转载和上百万的阅读量。本文将从气象科普的图形化及新媒体时代，气象科普传播的要点等方面作解析。

关键词：微博　微信　气象科普　图形化

随着新媒体时代的到来，微信微博等新媒体平台的兴起，移动互联网逐渐普及，逐渐打破了电视等传统媒体主宰信息传播的局面。当今的传媒业，技术的支持、受众的需求成为主要的推动力，新媒体的出现、新媒体和传统媒体的借鉴和融合趋势日益明显，媒介融合已成为一股不可阻挡的潮流，气象科普工作者迎来了新的挑战。

如何在全媒体、快速阅读、随时随地阅读这样的语境下，让气象科普知识更具可看性、亲和力，是广大气象科普工作者孜孜不倦的追求。其中，气象科普图形化的流行，无疑已经成为当下一个值得关注的现象。

1　目的与宗旨

科普图解不是网络特产，早在上个世纪，Fritz Kahn（1888—1968），德国插画师、科普作家，同时也是信息图形化设计的先驱，他以当时极其前卫的视觉效果，形象的解释科学原理，这种绘画风格直至今日仍被大量模仿。

时至今日，在微博、微信上，科普长图已经成为最受欢迎的形式。从人民日报到科学松鼠会，无不将长图这一形式发挥到极致，至今，又演变出九宫格等多种多样的形式。

科普图形化，早已有之，而长图的形式，则是顺应新媒体的传播要求，在传统的挂图、漫画等形式上做了一些改变和拓展。这种改变主要体现在：图片的风格更加幽默生动、图片的语言更加口语化，有些甚至采用拟人的形式来进行科普，最大限度的贴近受众，以达到在最短时间传播最多实质性科普内容给受众的目的。

在快速阅读、轻松浏览的新媒体语境中，图文的风格都变得极其轻松可读，一板一眼的挂图已经吸引不了受众的眼球，更难以深入人心了。让科普娱乐化，可以说是这类长图的一个明显趋势，目的也是为了更好的传播和接受。

在读图时代，图解科普作品，编辑和美工花了很大的心思去制作，把其中的老照片、产品图都包装得更美观，看起来更加赏心悦目，更重要的是，把深奥的科学道理和数据，用直观的图标等元素表现出来，让科学更符合大众的审美眼光。通过美工的进一步创作，也让纷繁芜杂的科普知识条分缕析，在一个平面上呈现，进一步强化了科普知识的结构和框架，让大家看起来一目了然。从读文到读图，实现了阅读的轻松化、浏览性。

2　特点及典型案例分析

归纳起来，气象科普图形化在新媒体时代表现出或者更加强化了这些特点：实用性、专业性、创新性、系统化和权威性。下面通过几个案例来分析这些特点。

2.1 实用性

【图解】气象专业知多少？本科报考须知

http://www.cma.gov.cn/kppd/kppdrt/201406/t20140617_249522.html

在 2014 年高考结束前，我们及时联合南京信息工程大学（以下简称“南信大”）师生及微博网友，针对众多考生和家长最关心的国内气象高校分布，气象专业分类，气象学与其他专业的区别及学习气象专业必备的素质这些问题，进行了详细的解答。

由于之前没有系统地统计气象高校及专业，经此次图解，直观的普及了我国涵盖气象专业的高校和气象专业分类（港澳台地区未统计），使高考考生和家长做到心中有数。此外，搜集了网友们对于气象专业与其他相关专业的区别的认知，还请南信大大四学生解答了学习气象专业必备的素质，让更多人了解气象专业，为考生报考气象专业提供了参考和指南。

访谈在中国气象网以《气象专业知多少？本科报考须知》的标题发布，发布后，广大网友、南信大招生办、报社同仁都给出了很好的评价，收到了良好的传播效果。

2.2 专业性

【图解】全国地面气象观测业务调整

http://www.cma.gov.cn/2011xzt/gqzt/201312/t20131231_235251.html

本次全国地面气象观测业务调整是近年来调整最大的一次，也是县级综改迈出的关键一步，备受关注。在 12 月 31 日，中国气象局（CMA）官方网站适时推出对此次大调整的科普图解，直观、清晰地梳理了全国地面观测业务的调整的范围、目的、内容和调整后的观测值班流程，为广大气象工作者深入了解此次观测调整提供了参考。

长图设计自然清新，美观大方，推出后，受到中国气象局观测司和基层气象部门人员的好评，微博的转发关注度也比较高。

2.3 创新性

汛期驴友防灾锦囊于“五一”前夕在网站推出，并在新浪微博发布。选题切中“五一”旅游和汛期灾害多发这两个社会热点，在微博发布后，受到网友热捧。

新浪微博头条新闻、天气预报、《中国日报》、平安北京等“大 V”纷纷转发，同时在各地气象系统官微中也进行了广泛的传播。截至目前，阅读量达到 256.9 万，转发评论达 571 条，达到中国气象局官微上线以来的最高值。

在此条微博的大量互动和拉动下，官方微博粉丝在三天内几乎以每天 1 万多的速度增长，目前已经突破 61 万。

据不同渠道消息，受众对这一策划的反馈是：实用，专业。源于在策划初期，编辑查阅了大量的驴友因天气发生事故的案例，并结合大量文章进行了归纳总结，并邀请户外救援专家担任本策划顾问，力求在天气和旅游两方面都做到专业、权威。不少旅行机构也通过微博表示，“这种锦囊可以多一点！”

另外，我们还应时应景推出了适宜新媒体传播的九宫格形式的图解。2014 年中秋恰好与白露节气是同一天，我们制作了精美的九宫格——《当中秋遇上白露》，对这一时节的气候特点、饮食、养生等进行了提炼归纳，以短句配美图的形式展示，获得了很多网友好评。

微博原文：《当中秋 meet 白露》一年一度的中秋节，恰逢二十四节气的白露。蒹葭苍苍，白露为霜。美好的节气和美好的节日相遇，会发生什么样的故事？我们在这么美好的时候，如何让身心处于最好的状态呢？下面九张美图，作为中秋礼物送给可爱的亲们。

http://weibo.com/2117508734/BlAZhCss0#！/2117508734/BlAZhCss0?type=comment

该微博的阅读量达 21.3 万，网友转发评论达 224 条。

2.4 系统化

“图解风云气象卫星”系列科普采用长图的形式，从风云气象卫星的发展过程、效益和特点等三方面来对风云气象卫星进行科普，是一种新的尝试。“图解风云气象卫星”共分三个系列，分别为：风云气象卫星的前世今生，风云气象卫星是个多面手，风云气象卫星家族面面观。

图解系列画面美观、内容直观，这种形式不仅带给人一目了然、耳目一新的感受，而且在微博微信上也有比较好的传播效果。“风云气象卫星是个多面手”系列在微博上发布后，得到了很多气象微博名人的转载和肯定。

最开始想做专题，但考虑到传统的科普文章不够吸引眼球，也难以系统性的直观呈现，很难吸引公众的注意力。于是，我们借鉴了网上比较流行的长图形式，来图解风云三号气象卫星。

关于风云卫星的知识点很多，如果一一图解起来会显得重点不突出，如何能既系统、又概括，正好传达到公众想到的一些东西，是关键。经过分析，我们从卫星的诞生、特点以及作用这些方面提炼出了三个点来制作。为了能激发大家阅读的欲望，我们给这三方面取了几个比较拟人化的标题：风云卫星的前世今生、风云卫星是个多面手、风云卫星家族面面观。

2.5 权威性

【图个明白】一张图了解厄尔尼诺

http://www.cma.gov.cn/2011xzt/2014xzttgmb/201407/t20140708_251708.html

伴随中东太平洋海域海水持续增温，厄尔尼诺话题逐渐被业界与国内外媒体关注，引发公众的好奇与讨论。针对持续的厄尔尼诺讨论热潮，中国气象网与国家气候中心积极行动，联合策划厄尔尼诺科普知识图解，为广大公众答疑解惑，提供翔实可信的厄尔尼诺科普解读。

在多轮内容探讨、资料核实的过程中，厄尔尼诺图解先后5次大幅调整，数次修稿，并于7月8日在微博、微信、新媒体同步上线。图解上线后，新浪微博1小时内转发量突破160人次，24小时内转发、点赞、评论人数累计达到600人次，刷新官方微博转发量历史纪录，得到广泛好评。

《媒介融合背景下气象信息的传播》一文指出，"尽管新媒体和传统媒体相比，互动性强，但这如同一把双刃剑，带来的弊端就是缺少权威性。因为在网络上，特别是论坛上发表和气象信息相关的言论很容易，门槛低，即使不是专业的气象人员，也可以发表传播自己的观点。例如，台风论坛日最高发帖量可达3262帖。这样庞杂的信息量，造成的结果就是信息过载，并缺少权威性。对于没有气象专业知识的普通百姓，看到大量意见相左的气象信息，无法判断哪一方的预测结论是正确的。"所以，中国气象局官方微博在信息的权威性方面就一定要占据主动，与专家强强联手，打造最权威的新媒体信息发布平台。

3 如何制作优质科普图解

3.1 与权威部门强强联手

2014 年我们有多个图解是与其他单位合作的，比如，与国家气候中心合作的厄尔尼诺图解，与南京信息工程大学合作的气象专业本科招生指南图解。这些图解都十分专业权威，深度比我们单独制作的科普图解要更深刻一些。

3.2 策划编辑与美术编辑密切配合

图解的一大特点是用最简洁的画面表达最直观的内容，所以在图解的创作过程中，文字需要用图形化的样式来表现。文字编辑在制作图解的时候，需要搜集很多的资料，并精简成文字，但这些文字不一定都要放到图解上去，而是需要用图片的形式来表现。这个时候，就需要文字策划编辑与美术编辑密切配合，从表意和美观双方面进行考虑，将文字图形化、图表化。

4 如何推广

在中国气象局官方微博的运营中，我们多次使用了图解进行科普。为了取得最好的推广效果，我们积极与新浪政务微博维护部门密切联动，争取推广位，有活动或重要信息时，请他们协助转发。同时，与各地气象部门官微等大 V、兄弟微博密切合作，互相推广转发。

为了便于网友阅读，我们在长图这种形式上开发创新，陆续推出了九宫格、Flash 动画等多种图解表现形式。

长图是比较欢迎的微博表现形式之一，它信息量大又便于阅读，我们策划制作的《图解风云气象卫星》《图解全国地面观测业务调整》等在微博上取得不俗的传播效果；尤其是在春节前夕推出的“当烟花遭遇‘霾伏’”（阅读量 33.8 万，转发评论 247 条）等都受到了网友的欢迎。

参考文献

[1] 郭庆光. 传播学教程[M]. 北京:中国人民大学出版社,1999:60.

[2] 陈力丹,闫伊默. 传播学纲要[M]. 北京:中国人民大学出版社,2007:5-6.

[3] 匡文波. 手机媒体概论[M]. 北京:中国人民大学出版社,2006:104-136.

[4] 信欣.媒介融合背景下气象信息的传播[J]. 商情,2009(52):73-74.

气象科普产品开发的现状与发展方向探索

任　珂　刘　波　王海波

（中国气象局气象宣传与科普中心，北京 100081）

摘要：气象科普产品是气象科普工作的基础。气象科普工作的开展，离不开气象科普产品。本文分析了气象科普产品的现状及存在问题，结合部分气象科普产品开发案例，进而从气象科普的目的、公众需求、技术推动、创新方面分析气象科普产品的发展方向。

关键词：气象科普产品　现状　发展方向

1　引言

近年来，随着我国社会经济的发展，与科技相关的社会热点焦点问题频发，与民众相关的科普需求增长较快。特别是在全球气候变暖及极端天气气候事件频发下，公众更加广泛地需求应对气候变化及气象防灾减灾相关的气象科普知识。同时气象几乎涉及人们生活的方方面面，像近几年来雾霾多发，对人们日常生活甚至生命带来了威胁，公众对生活气象服务及相关科普的需求也日益增长。

随着综合国力的增强和公民科学素质的提高，从大方向上，公众对气象防灾减灾、应对气候变化和生活气象服务的科普需求有了更高的要求，从小的细节上，公众对气象科普产品的内容和深度、表现形式、科技性、趣味性和交互性等也有了更高的期望。

2 气象科普产品的现状

2.1 气象科普产品内容丰富、形式多样

气象科普产品是气象科普工作的基础。气象科普工作的开展,无论是气象应急科普服务、气象科技场馆开放、气象科普活动等,都离不开气象科普产品。

从气象科普内容上来看,包含气象防灾减灾、应对气候变化、气象科技发展、气象基本原理、校园气象、气象与生活、气象与各行各业等方面,可谓包罗万象,丰富多彩。

从气象科普产品的表现形式上来看,有气象科普场馆的展项、展品、展具;气象科普图书、报刊、挂图、展板;气象科普声像制品;气象科普动漫画;气象科普手工制品(智力玩具);气象科普游戏等。

2.2 气象科普产品存在的问题

目前,气象科普产品内容丰富、来源广、数量众、种类多,但由于缺乏前期整体规划与计划、缺乏资源信息沟通、缺乏最新科技应用,造成气象科普产品研发呈散乱的分布态势,规模小,发展比较滞后,导致气象科普产品研发在整个气象业务体系中处于比较"弱"的位置。

气象科普产品的"散、小、弱"造成传统气象科普产品创新性缺乏,且产品质量参差不齐,存在低水平重复,千篇一律,常年一个面孔,产品的科普性和科学性不够等问题,难以达到科普性的基本要求,不能很好地满足公众需求。

随着信息社会的深入发展,与数字技术相结合是科普产品创新的一个主要趋势。数字技术也正被用作气象科普的新手段,探索实践气象科普产品中融入数字技术,如数字气象科技馆、气象科普游戏等。传统气象科普刊物也正在进行数字化,如《气象知识》电子杂志版《天气 Discovery》,网络也成为一个重要的科普渠道,利用微信、微博新媒体平台传播气象科普。虽然取得了一定的成绩,但与数字化技术结合的气象科普产品研发尚处于初期成长阶段,数字化技术所传递气象科普信息的表现力不够,数字化技术所具有的交互式和多媒体功能实现不足,体验式、参与式气象灾害自救逃生训练的科普产品较少,产品的现代科技综合手段运用欠缺。

3　气象科普产品开发案例

3.1　传统气象科普产品向数字化的转变

当前大多数图书、报刊、展板、影视节目等传统气象科普产品已开始利用文字、图像、声音数字化技术完成数字化转变，并在互联网上向全世界的读者免费开放。

《气象知识》杂志是全国唯一一本普及气象科学知识的彩色科普期刊，经过多年的积累和发展，不断探索实践杂志的数字化。将30多年来已出版的各期杂志进行了数字化转化。创刊《天气 Discovery》电子杂志，利用其新媒体特点，集合了声音、图像、动画、视频等元素，在《气象知识》基础上，重新组织栏目和内容，具有更快的发行速度以及更强的互动性，实现两种杂志双赢。随着移动技术的发展和广泛应用，移动传播越加便捷，开通《气象知识》微博、微信，借助移动平台，实现杂志的移动阅读，使受众移动化和传播的移动化实现对接。

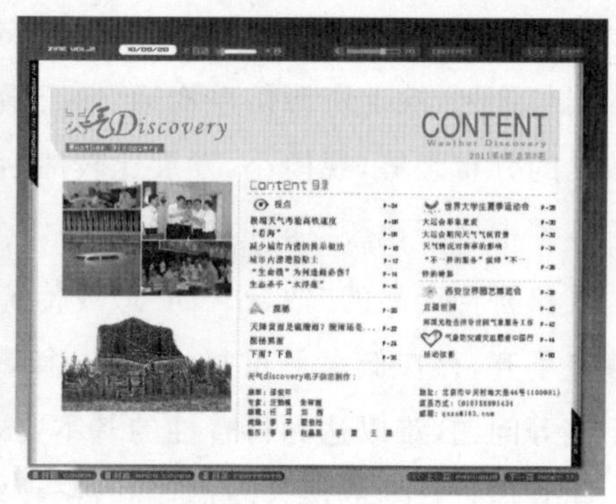

图1　《天气 Discovery》电子杂志

其他类型的图书、报纸、影视节目同样进行了类似《气象知识》的数字化探索实践，在取得的成绩基础上，仍需要继续探索传统气象科普产品如何更好的发挥数字化的优势，解决数字化进行中可能出现的问题。

3.2　新型数字化气象科普产品的开发

除了传统气象科普产品数字化探索实践外，近几年，气象部门也在积极探索新型数字化气象科普产品的开发。

数字气象科技馆是基于数字技术的科普产品的形式创新的集大成表现。以数字虚拟气象防灾减灾馆的形式，将台风、暴雨、高温、寒潮等每一类气象科普信息重新编写脚本并组织整理成科普专题，以形象生动、图文并茂、Flash、影音的方式通过互联网络对外发布。数字气象科技馆已累计建设21个虚拟气象科普专题展厅，覆盖了气象灾害及气象次生灾害中的绝大部分内容。数字气象科技馆的特点是集成气象防灾减灾的各类科普信息，进行数字化处理，提供网络服务。作为比较新颖的手段，它能吸引年轻人，特别是小朋友，但是其针对性、互动性不强，不能有针对性地传播相关气象防灾减灾知识，并且欠缺面对各类气象灾害的互助减灾体验等功能，知识的传播不能做到生活化，具体化。

图2　数字气象科技馆——气象防灾减灾馆主页导航图

气象科普游戏是另一种新型的数字科普产品。例如在数字气象科技馆、流动气象科普设施上开发的“气象学院”“气象预警信号连连看”“人工消雹”“人工增雨”气象科普游戏，这种智力闯关类、生存训练类、益智类、问答类等形式的科普游戏，使公众在游戏中学习掌握防灾减灾、应急避险等措施。

新型数字化气象科普产品达到了一定的科普效果，但后续缺少创新性的数字化内容更新、气象科普游戏的开发力度不足，制作水平不高，且数字化技术与气象科普内容的融合不够，大多是气象基础原理的解说，交互、体验式的气象灾害防御产品较少，新型数字化气象科普产品的研发仍有很长一段路要走。

增雨行动

对对碰

气象知识闯关

车行雷雨天

图 3　数字化气象科普产品

4　气象科普产品的发展方向探索

把气象防灾减灾和气象科学变成可见的、文学化的、形象化的生活，将其用更好的形式展现到公众面前，这是气象科普要走的一个道路。随着人们对气象防灾减灾和气象科技知识的愈发重视，气象科普受到广泛关注。气象部门要抓住这一契机，全力以赴地发展原创性气象科普产品，打造品牌气象科普产品。

针对气象科普产品开发的现状及问题，未来气象科普产品的设计制作侧重点是什么？走向什么样的发展方向？所谓产品设计制作，就是指为了达到某一特定目的或需求，从构思到建立一个切实可行的实施方案，并且用明确的手段表示出来的系列行为。气象科普产品的设计制作同样适用这一概念[1]。那么，探索气象科普产品的发展方向，就要首先明确气象科普需要达到的目的及需要满足的需求。

4.1　气象科普的目的

科学普及工作，即通过必要的宣传和倡导，将科学的精神和科学的方法进行传播，引导公众利用科学知识和方法对问题进行思考，实现全面科学素质的有效提高[2]。由此科学普及的含义并结合气象科普工作实际，可分析总结出气象科普主要满足气象防灾、气象科技、气象人文三个不同层次的目的。

首要目的是气象防灾，即增强全社会的气象防灾减灾意识和公众的自救互救能力，在大家不幸遇到暴雨洪水、雷电、台风等气象灾害及气象次生灾害时，能够最大程度地减少损失，特别是人员的伤亡；其次是气象科技，即向公众传达最新气象科技、科研成果，激发对气象科技的兴趣、关注，合理利用气象科技知识，促进社会发展；最后是气象人文，即向公众传达气象工作及气象精神，使公众理解气象工作及气象精神。

气象科普的基本点是增强公众气象防灾减灾意识，掌握自救互救技能；传播气象科技；公众理解气象。所以气象科普产品的开发要围绕这三个中心点展开。

4.2 气象科普的需求牵引

科普需求主要从三个层面来说，一个层面就是党和国家层面的科普需求；第二个层面是社会的科普需求；第三个层面是公众的科普需求，实际上这三方面需求既相互独立，又互相交叉，而且往往形成的是综合的社会的科普需求[3]。如果没有气象科普需求，气象科普事业的发展就没有意义，如果找不准气象科普需求，气象科普产品的研发也就是无的之矢，产品的对象、内容、形式、传播渠道等都可能错位，最终实现不了其目的。

其实最主要的是公众需求，公众需求是三方面最基础的，也是最源泉的。公众对气象科普内容的需求实际上是和气象科普的目的是一致的。面对频发的气象灾害和全球气候变暖，希望通过各类气象科普产品了解学习到气象防灾减灾、自救互助的生存技能；利用气象科技，学习掌握与气象相关的必要的生活技能；了解气象工作及气象精神，促进社会和谐发展。

然而，气象科普产品最终是否实现其目的，还要看气象科普需求的满足程度。现在科普已经由过去那种单向的说教逐渐地发展成公众理解科学传播、双向互动的崭新模式，而这种崭新的模式从产品的导向就转变成公众的需求导向。现阶段大部分的气象科普产品在内容上一般都能包含气象防灾、气象科技、气象人文，但由于在新技术应用、产品形式、功能实现、传播渠道等方面的缺失或不合理，公众真正学习、了解到的生存技能、生活技能及气象精神没有得到很好的满足。

4.3 技术推动

数字化技术作为一种信息传播所依赖的物质媒介，人们对其期待在逐渐加强，并逐渐成为人们沟通方式的一种应用工具。气象科普产品的数字化运用将使科普受众更加大众化，交互和沟通更加紧密。

三维实时虚拟仿真技术不断发展，并且日趋成熟。模拟真实和想象的世界，对用户输入做出实时反应，这意味着当用户改变方向、动作以及从何处穿越场景等时，仿真场景需要连续地重新计算并绘制[4]。这一技术也逐步开始应用于各类防灾减灾、救援等虚拟体验型科普产品中，气象科普产品与三维实时虚拟仿真技术的结合将大有可为，公众可以在暴雨洪涝、雷电、台风等灾害的虚拟空间，做出不同的避灾救灾动作，并实时展示各类措施的效果，从而掌握防灾减灾、自救互助的技能等。

随着手机媒体的迅速发展，利用手机新渠道和新模式为公众提供科普产品和服务是未来不可阻挡的发展趋势[5]。移动通信技术和移动终端技术的快速发展，为移动气象科普产品的研发提供坚实的基础，能够支撑手机动画、游戏、APP 应用等气象科普产品的开发和运行。

4.4 把握创新

气象科普产品在当前内容丰富、形式多样的状况下，如何解决普遍存在的问题，使气象科普产品的研发脱颖而出，这就需要在整个气象科普产品的研发过程中把握创新。气象科普产品在规划设计前，首先要明确产品的科普目的，满足公众的哪些需求，采取什么核心技术，有哪些创新性，进而实现科普功能。

经济学家熊彼特认为创新可对应产品创新、技术创新等创新方式[6]。产品创新方面，气象科普产品可研发新形态的科普产品，例如中国气象局气象宣传科普中心研发的气象观测站、人工增雨作业车等手工纸模，虽然纸模技术已很成熟且广泛应用，但运用在气象科普还不是很多。技术创新方面，可利用数字化技术、三维实时虚拟仿真技术、移动通信技术等，研发多功能的气象科普产品，将专业知识娱乐化、实物化、互动化体现出来，通过参与式模拟、体验式训练方式提高人们气象防灾减灾技能、利用气象科技的生活技能和气象人文精神。

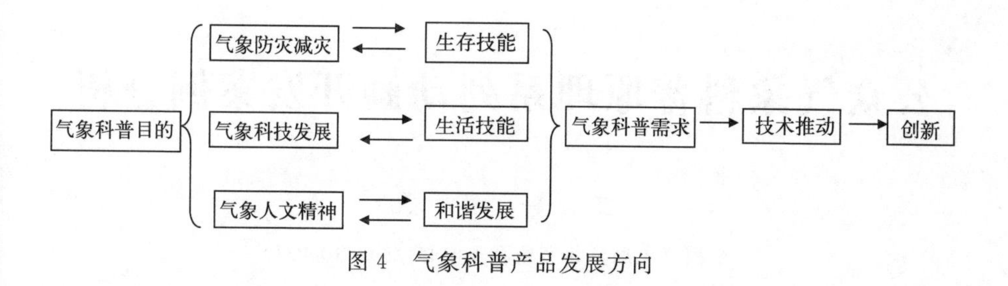

图 4　气象科普产品发展方向

参考文献

[1] 史澎涛. 产品设计与空间环境的互动研究[D]. 天津:天津工业大学,2008.

[2] 潘觅. 气象科普的社会功能[J]. 科技传播,2013(4):9-10.

[3] 任福君. 科普产业发展的动力、现状及创新,2010 年科普资源共建共享论坛.

[4] 羊裔高. 三维实时虚拟技术的发展与应用探讨[N]. 成都信息工程学院学报,2006,**21**(2):165-168.

[5] 肖云,王闰强,王英,等. 手机科普产业发展现状与趋势研究[J]. 科普研究,2011,**6**(增刊):90-97.

[6] 熊彼特 J A. 经济发展理论[M]. 何畏,易家详等,译. 北京:商务印书馆,1990.

公众气象科普原理系列动画开发案例分析

王 静 弓 盈

(中国气象局公共气象服务中心，北京 100081)

摘要：在“重效果、促防灾”的气象科普策略化发展历程中，气象科普动画已经成为新型的气象科普手段，它通过形象生动的画面表现形式、声像结合的表述气象科学知识，让晦涩难懂的文字百科成为公众、特别是广大青少年群体欢迎的气象科普形式。

关键词：科普动画 气象 传播

1 新颖科普动画形式需求度高

培根说过，“科学的力量取决于大众对它的了解”。目前，国内气象科普宣传仍存在缺乏完善的气象科普宣传体系、气象科普宣传的内容通俗程度不高、对气象科普宣传的重要性认识不足等一系列问题。中国气象局郑国光局长在2010年全国政协会议期间提出，希望“气象科普要让老百姓听得懂看得明白”[1]。气象科普作为气象科技联系经济社会发展和人民生产生活的重要纽带，也是科学防灾减灾，最大程度减少灾害损失不可或缺的重要途径。

以雷电灾害为例[2]，近十几年来(1998—2009年)，我国重大雷电灾害造成的经济损失在500万元以上的严重灾害共有64起，华南地区的广东省发生最多，高达11起，平均每年都有发生；乡村依然是雷击人员伤亡事故的主要发生地，在学校、化工类场所、以及树下等人员群聚场所，此类事故发生的程度更为强烈。而导致这一现象的具体原因可以归纳为接触电压、旁侧闪击、爆炸、物体砸落或雷击引起房屋倒塌以及直接雷击等。在重大灾害性天气提前24～48小时准确预报预测或及时预警的前提下，在公众对各类灾害性天气的发生和危害提前知晓的前提下，仍有大量的财产损失以及人身伤害事件发生，在一定程度上反映了防雷科普宣传不够到位的现状，公众还未真正掌握灾害性天气发生时的避险自救能力。

如何用受众喜闻乐见、容易接受的方式做好气象科普宣传，使得知识性和趣味性相结合，让老百姓乐意看、看得懂、记得住、用得上，才能有效地进行防灾减灾、防御自然灾害。Flash动画具有形式灵活、互动性强，表现方式多样化，且生动、简单、直观、受众范围广等特点。对重大气象灾害服务保障、日常气象信息发布服务以及气象知识科普等工作，配合中国气象局门户网站—中国天气网对气象服务信息发布需求，形象生动地展示气象科普原理或防灾避险常识，可以使公众更好地掌握了解实时天气现象、天气过程的背景原理及相应的防御措施，从而更好地提升受众对气象知识或气象信息的认知程度，提高气象服务信息的传播效率。

2 国内气象科普动画服务的现状

随着气象科普进乡村、进学校的服务理念的驱动，对科普服务持续推陈出新和强化科普效果的要求也不断提高，气象科普的工作方式也逐渐由传统的“灌输式、讲座式”的单一传播模式向着“体验式、互动式”的多元模式转变。因此，从传播效果上讲，依托于飞速发展的信息技术，气象科普动画等多媒体产品的优势将更加凸显。对于青少年等科普对象，常规文字性的科普服务手段也不断接受挑战，相比动画等声与像结合的科普形式，在科普服务效果和接受度上都略逊一筹。

在传媒体时代基于动画中的图像具有形象性、直观性、互动性等特点，气象科普动画服务正逐渐成为气象科普创作的重要载体，并越来越多地取代传统媒介为主的常规科普服务方式[3]。气象科普电视专题片充分发挥电视传播知识的功能，应用电视技术和艺术手段，注重展现气象科学的内在含义和对现实世界的现实意义，以及它们与现代人生活、生产之间千丝万缕的联系。较好地实现了科学性、知识性、观赏性的统一。

福建省气象影视中心制作的《气象百问》是一部百集系列科普动画片[4]，采用三维动画为主的制作形式，以故事为主线，讲述“台风怎么形成”、“空气也有力气吗”等一系列气象科普小知识，具有生动的卡通形象、鲜明的性格特征、有趣的故事情节和通俗科普知识，在中小学生夏令营和课外实践活动中取得了良好的效果。

3 案例分析:公众气象科普原理系列动画开发

公众气象科普原理系列动画是利用Flash动画科技手段与传统气象服务产品相结合的系列科普动画产品。对一年中不同季节或时段常见的天气现象、天气过程进行梳理、归纳、分析。包括雷电、暴雨、黄河流凌、寒露风、人工增雨、桑拿天等50余个科普原理动画，涵盖春夏秋冬四季的天气特征，能满足中国天气网一年四季的气象科普服务需求，为公众了解天气知识、做好汛期气象服务保障起到了很好的科普宣传作用。

3.1 直观性

以黄河流凌为例。由于黄河“几”字型的特殊地理构造，造成了每年黄河上游和下游有大量流动的浮冰，上游的冰随着水流向下游流动，造成河道淤积或堵塞，每年都会对黄河两岸居民的生活造成一定的威胁或危害。这种因为气温差异造成的特殊天气地理灾害，对于很多公众而言理解起来并不直观和形象。通过Flash动画形式，从黄河流凌发生的时段、地理位置、成因及危害，用动画形象娓娓道来，通过旁白辅助解读，对于提高网络公众特别是青少年受众群的接受度起到了很好的科普宣传效果。

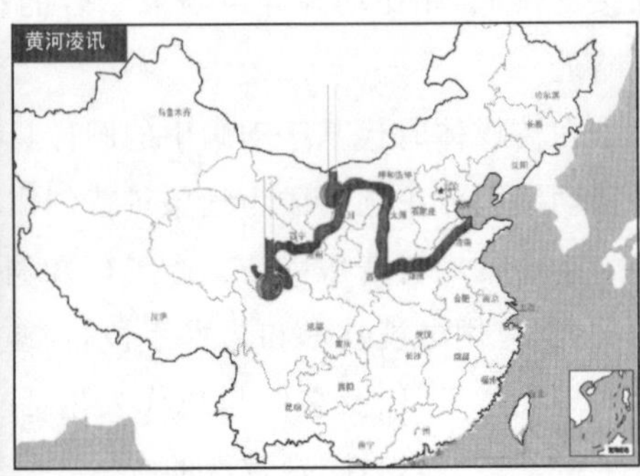

图1 黄河流凌flash影像

3.2 形象化

防灾减灾现在面临的最大问题就是“最后一公里”的服务[6]，在灾害预警已经提前发布的情况下，如何最大限度地减少灾害性天气对人民生命财产安全造成的危害，是当前气象科普服务能否真正将纸质宣传转换成公众实际操作中可用的行为习惯的巨大考验。“暴雪防灾小贴士”“台风来了该怎么办”“沙尘暴防范”等科普动画系列，将原来教科书式的宣讲，变成了 5～6 条切实可用的、声画相结合的口诀式形象展现，让公众在面临重大气象灾害时，能“照本宣科”地采取最有效的避险救灾的行为习惯，从而最大限度地提高防灾减灾科普宣传的有效性。

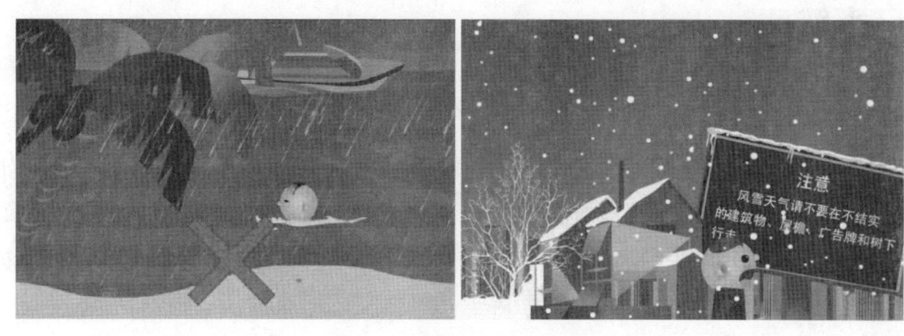

图 2 避险防灾科普动画

3.3 时效性强

近些年冬半年，华北黄淮地区的雾霾天气有增多增强的趋势，在很大程度上扰乱了公众的生活出行特别是身体健康，已经从单纯的气象现象上升到人民生活福祉的社会问题。中国天气网结合气象服务热线 4006000121 的公众需求反馈，及时推出雾和霾的形成原理、二者区别、以及如何防御等相关 Flash 科普动画作品，以最高的时效性服务公众，让受众在雾霾严重的时间段，通过网络、手机终端、微博微信等多种媒体途径获取相关知识并广泛传播，对气象知识宣传起到了很重要的宣传效果。

图 3　雾霾知识科普动画

4　小结

Flash 气象科普动画开辟了新型的气象科普传播方式，是适应网络、微博、微信等现代传播媒体的科普方式，利于传播。声音和画面的配合，使形式更为灵活，适用人群更为广泛，科普对象从成年受众群体扩展到了青少年，乃至儿童群体，有助于提升气象科普工作的宣传效果，最大限度地扩充受众人群，起到防灾减灾的科普宣传目的。

气象科普宣传的时机很重要，利用重大灾害性天气过程的气象服务保障推出气象科普宣传，使公众对科普内容有更直接或更形象的认知，便于科普工作的开展和有效传播。

参考文献

[1] 盛勇. 浅谈如何搞好基层气象服务工作[J]. 科技与生活，2012(16)：196-197.

[2] 刘佼，肖稳安，徐琳琳，等. 近年来我国重大雷电灾害分析[J]. 创新驱动发展 提高气象灾害防御能力——S11 第十一届防雷减灾论坛，2013.

[3] 游立杭，林秀芳. 略谈气象科普动画片的发展[J]. 海峡科学，2011(3).

[4] 孙立波，李青媛，徐静. 关于国产动画业现状调查报告之一[N]. 中国新闻传播学评论，2004-02-06.

[5] 毛文戎. 科普是传媒的职责和义务[J]. 科普创作通讯，2006(1).

流动气象科普设施设计与思考

邵俊年[1)] 姚锦烽[2)] 魏咏明[3)]

(1. 气象出版社,北京 100081;2. 中国气象局气象宣传与科普中心,北京 100081;
3. 风云传奇(北京)科技发展有限公司,北京 100081)

摘要:近年来,中国气象局响应中国科协打造“流动科技馆”项目号召,有组织有计划进行流动科普设计规划设计工作,并利用流动科普设施开展流动科普万里行活动,取得较好的社会效果。本文介绍了已开发完成的流动气象科普设施的基本情况,并从延伸服务、展品开发和组织推广等方面对流动科普设计下一步工作做了思考。

关键词:气象科普　流动设施　规划　设计

“中国流动科技馆”项目是中国科学技术协会、中国科技馆牵头,由省科协、地方政府、地方科协共同协作,支援并带动我国科技馆建设薄弱地区科技馆事业发展的一次联合巡回展教活动,旨在为老少边穷地区观众提供参与科学实践的场所,让他们亲身感受“体验科学”的快乐,从而促进我国全民科学素质的整体提高。“科普大篷车”是目前最常见也是最重要的一类流动科技馆。据悉,中国科协于 2000 年启动了科普大篷车项目,目前已成功研制 4 种车型,面向全国 31 个省、自治区、直辖市及新疆建设兵团配发了 607 辆科普大篷车。据统计,科普大篷车累计行驶里程达 1800 多万千米,开展活动 9 万余次,受益人数 1.1 亿人次,各级媒体报道 3 万余次[1]。科普大篷车以其丰富多采的展示内容、多种媒体的教育方法、机动灵活的活动方式,弘扬了科学精神,普及了科学知识,将科学思想和科学方法传播到了偏远地区和广大农村,受到了广大公众和科普工作者的欢迎,被形象地称为“流动的科技馆”[2]。大篷车的出现也在一定程度上缓解了部分偏远地区科普投入不足,各类基础科普设施匮乏并且空间分布不均衡的问题[3]。

近年来,中国气象局高度重视气象科普工作,以防灾减灾和应对气候变化为重点,突出创新意识、满足社会需求,积极推进气象科技知识的社会化传播与普及,为提高全民气象科学素质做出了应有的努力。在此大环境下,为加强气象科普能力建设,强化科普为基层服务能力,有效提高(进社区、进校园、进农村)气象科普设施水平,进一步提高气象科普的覆盖面和影响力,响应中国科技馆"流动科技馆"项目,中国气象局气象宣传与科普中心与风云传奇(北京)科技发展有限公司合作规划设计流动气象科普设施,旨在创新科普形式,以生动活泼、寓教于乐、互动体验的科普设施宣传气象科技知识,打破地域资源配置限制,共享优质科普资源。

1 规划设计思路

1.1 设计思路

(1)加强气象科普能力建设,强化科普为基层服务能力,有效提高(进社区、进校园、进农村)气象科普设施水平,提高气象科普的覆盖面和影响力。

(2)创新科普形式,以生动活泼、寓教于乐、互动体验的科普设施宣传气象科普知识。

(3)打破地域资源配置限制,共享优质科普资源。

(4)气象科普展品设计要做好科普创作理念、气象科普教育活动理念、气象科普文化展示理念的有机融合。

1.2 开发原则

(1)满足临展需求,运输、携带和装配方便。

(2)满足互动性、趣味性(多媒体化)需求。

(3)确保气象科普知识的准确性和科学性。

(4)展品需抗磨损,维护方便。

(5)流动科普展品不是死板、生硬、定型、一成不变、循规蹈矩的,而是鲜活、生动、灵活、变化多端、开拓创新的。气象科普展品设计是积极进取、朝气蓬勃、勇于钻研探索及创新精神的人,能够融会贯通、形象生动、深入浅出地将科学原理完美地呈现给观众。

1.3 展品规划

根据技术成熟情况结合需求与投资情况，一期规划开发了五大类九个展品，分别是：

(1)静态模型展示类：地基观测系统

(2)多媒体类：科普游戏、虚拟翻书

(3)互动类：模拟降雨、气象卫星模型、试试几级风、雷电防护

(4)流动展板

(5)流动影院

2 展项结构设计

2.1 展项通用构造

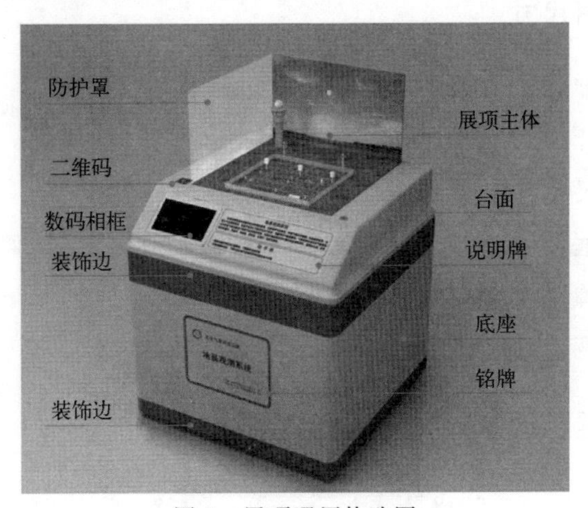

图 1 展项通用构造图

(1)台面：展项主体部分固定在台面上，两侧有扣手，后部有音响口、散热口、电源开关(含主机)、USB 口。

材质/工艺：玻璃钢翻模成型。

(2)电气箱：用于安装展项控制电路及机构，与台面用螺钉紧固，后侧有安装检修门，底部为万向轮，便于运输。

材质/工艺：金属烤漆。

(3)底座：展示时作为展台底座，运输时作为展台防护盖，底部有防滑垫及

万向轮放置槽，便于展示时展项的平稳和运输时展项叠放。

材质/工艺：玻璃钢翻模成型。

(4)防护罩：部分展项需要对展品进行防护。

材质/工艺：透明亚克力。

(5)展项说明牌：以文字的形式说明展项的展示内容、操作方法、科学原理、注意事项。

材质/工艺：透明亚克力板子，印刷。

(6)展项铭牌：说明展品名称，设计制作单位、气象局 LOGO 等信息。

材质/工艺：即时贴。

(7)蓝色装饰边：展台装饰。

材质/工艺：玻璃钢胶衣，CMYK 色值。

2.2 展项通用尺寸

(1)展台高度：800 毫米

(2)台面尺寸：650 毫米×650 毫米

(3)说明牌尺寸：520 毫米×120 毫米

(4)数码相框尺寸：6 寸(长 172.6 毫米×宽 114.5 毫米×厚 6.6 毫米)

(5)展项铭牌尺寸：297 毫米×210 毫米

(6)装饰边宽度：100 毫米

2.3 铭牌位置及内容尺寸

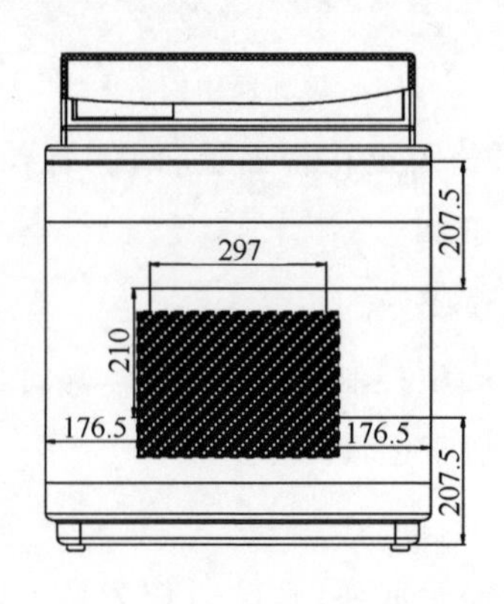

铭牌尺寸：297 毫米×210 毫米

铭牌位置：位于底座居中的地方，距离台面 207.5 毫米，距离底座为 207.5 毫米

对展台两边的距离均为 176.5 毫米

3　展品内容设计

3.1　地基观测系统

【展品名称】地基观测系统

【展品效果图】

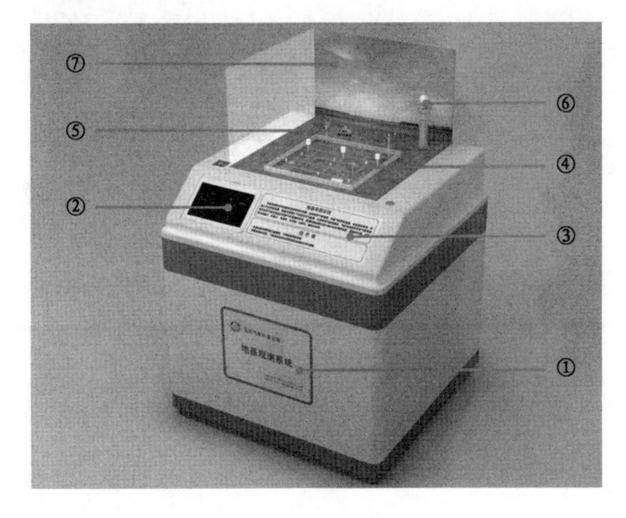

①玻璃钢展台

②数码相框

③说明牌

④地面观测站模型

⑤气象应急车模型

⑥多普勒雷达塔模型

⑦有机玻璃罩(背板贴天空装饰背景图)

观测场细节效果图：

【展示效果说明】观众按动按钮后，视频播放，模型上的灯光亮起。

【说明牌内容】

做一做：按动启动按钮后，观众可以观看视频和沙盘上的模型 。

启迪与智慧：地基观测系统是指传感器放置在地表的气象观测系统。气象观测场是进行地基观测的重要场地，观测仪器包括在百叶箱内安放测量温度、湿度的仪器，还有风向风速计、雨量计、地温表、蒸发器、日照计、辐射仪器等。除地基观测系统外，气象学家们也利用探空气球、气象探测飞机等探测大气压力、温度、湿度和风的三维空间结构等内容。

3.2 科普游戏

【展品名称】科普游戏

【展品效果图】

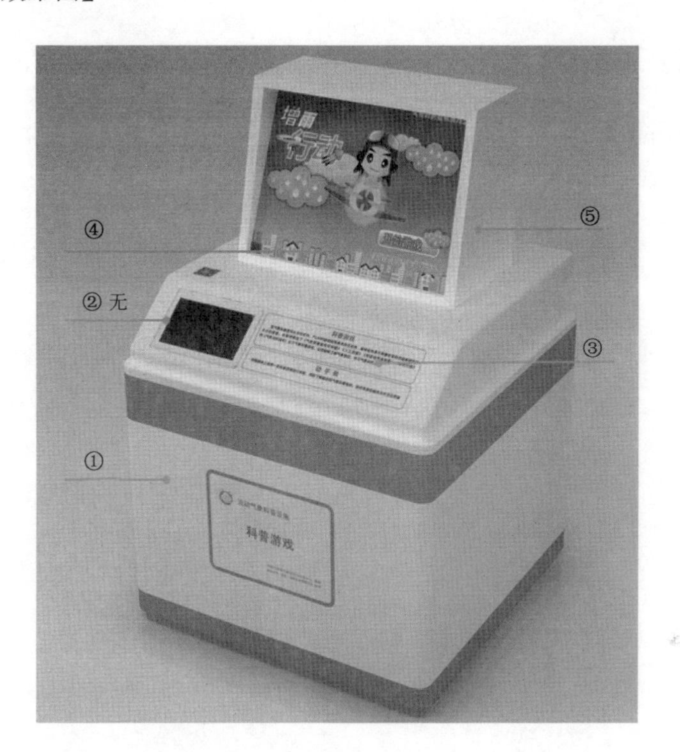

①玻璃钢展台

②数码相框(暂不需要)

③说明牌(内容需确定)

④DELL 触摸屏显示器(20 寸)

⑤触摸屏防护罩

【展示效果说明】由工作人员开启电脑后,观众可在触摸屏上选择自己喜欢的游戏进行操作。

【说明牌内容】

做一做:在展台上的屏幕上,用手触摸,选择自己感兴趣的游戏,开始进行游戏竞赛。

启迪与智慧：在气象科普宣传众多形式中，Flash 游戏因所具有的交互性、趣味性和易于传播性等特点越来越受到大众的喜爱。本展项精选了《人工消雹》《增雨行动》《预警信号连连看》《车行雷雨天》和《气象学院》五个气象科普游戏，让您轻松了解气象知识、学习气象知识。

3.3 虚拟翻书

【展品名称】虚拟翻书

【展品效果图】

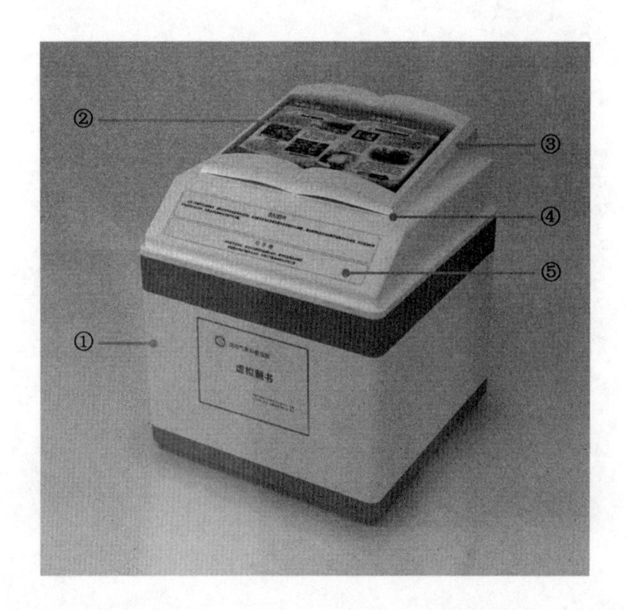

①玻璃钢展台

②显示器 22 英寸

③书模型

④红外感应区

⑤说明牌

【展示效果说明】由工作人员开启电脑后，观众可在触摸屏上选择自己喜欢的游戏进行操作。

【说明牌内容】做一做，用手在感应区域内做出翻书的动作，可以逐页翻开电子书，进行内容的浏览。

3.4 模拟降雨

【展品名称】模拟降雨

【展品效果图】

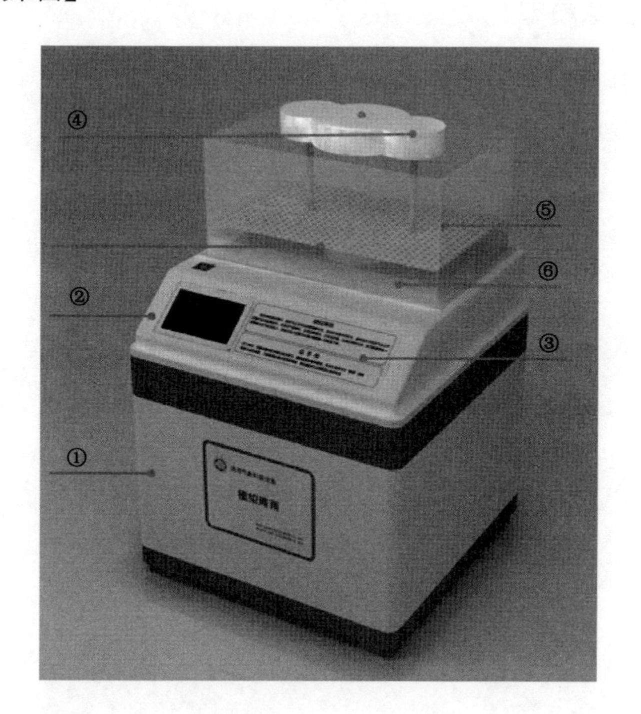

①玻璃钢展台

②数码相框 6 寸爱国者

③说明牌

④云朵造型(不锈钢烤漆)

⑤蒸发板(不锈钢机加工)

⑥水槽(透明有机玻璃)

【展示效果说明】按下启动按钮后,装置将自动演示,蒸发→降雨→雨停 这一循环过程。

【说明牌内容】

做一做:按下启动按钮后,装置将自动演示,蒸发→降雨→雨停 这一循环过程。

启迪与智慧:在自然降雨过程中,暖空气上升并往往携带着水汽,就如同水槽中的热水，这充满水汽的空气在上升过程中变得越来越冷。如果空气足够冷，以致达到露点，云就会形成。如果云继续冷却，水汽细滴即会一起聚集在空气的尘粒上，很快形成大而重的水滴以致像雨一样降落下来。

3.5 气象卫星模型

【展品名称】气象卫星模型

【展品效果图】

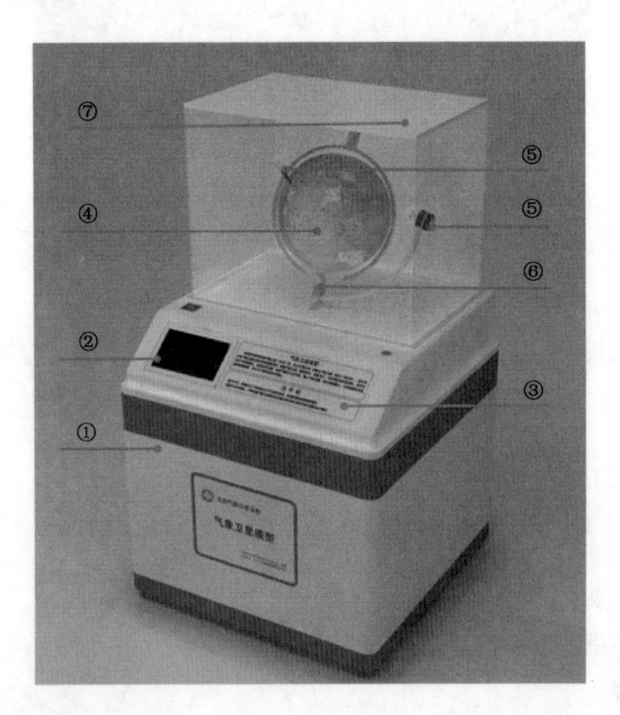

①玻璃钢展台

②数码相框6寸爱国者

③说明牌

④地球仪模型(内发光、亚洲地区颜色有区别)

⑤风云二号、三号卫星模型(ABS、有机玻璃板定制)

⑥支撑杆(不锈钢)

⑦有机玻璃防护罩

【展示效果说明】按动按钮后，模型自动运转。视频自动播放。自转的地球模型，风云二号卫星模型因为是同步卫星，将和地球同步运转。风云三号卫星模型轨道以走马灯的形式体现。

【说明牌内容】

做一做：按动按钮后，卫星模型和地球模型自动运转。认真观察它们的运行轨迹。

启迪与智慧：我国同时拥有极轨气象卫星（风云一号、风云三号系列）和静止气象卫星（风云二号系列），是全球业务气象卫星应用系统的重要成员。极轨气象卫星，绕地球南、北极飞行，可获得全球观测资料，用于改进天气预报模式，监测自然灾害、地球气候和生态环境。静止气象卫星，相对地球静止，可获取固定范围连续观测图像，用于天气实时监测与预报。

3.6 试试几级风

【展品名称】试试几级风

【展品效果图】

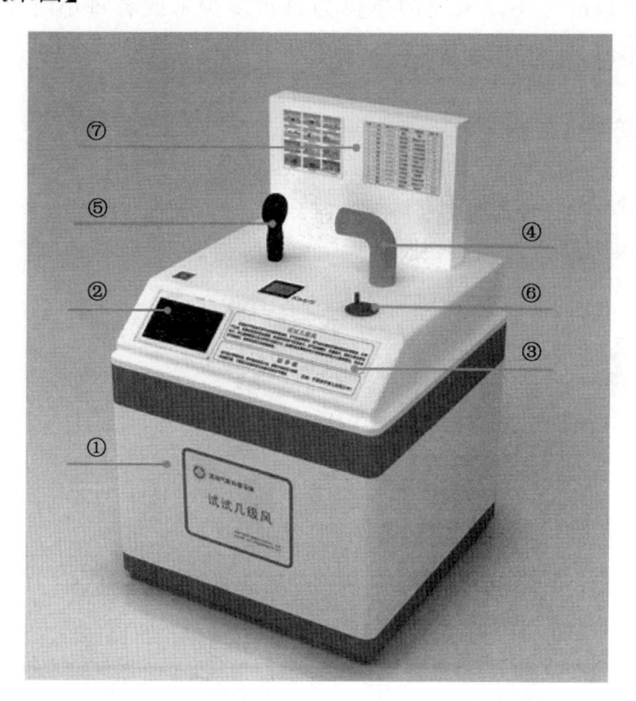

①玻璃钢展台

②数码相框 6 寸爱国者

③说明牌

④出风管(铁管烤漆)

⑤风速仪

⑥摇柄(不锈钢及金属组合件)

⑦图文说明背板(铁板烤漆、丝网印)

【展示效果说明】观众摇动手柄,带动风机旋转,制造出“风”。“风”从出风口“吹”出,被风杯测速仪检测到。看测速表上的数值,了解自己刚才制造了多大的风。

【说明牌内容】

做一做:摇动手柄,带动风机旋转,制造出“风”。看测速表上的数值,了解自己刚才制造了多大的风。

启迪与智慧:风是由不同地区之间气压的差异造成的,当气压差存在时,空气会从高压区域向低压区域移动,从而产生风。风速就是风前进的速度。相邻两地的气压差愈大,空气流动越快,风速越大,风的力量就越大。所以通常都是以风力来表示风的大小。风速的单位为每秒多少米或者每小时多少千米。而发布天气预报时,通常用风力等级标称。

3.7 雷电防护

【展品名称】雷电防护

【展品效果图】

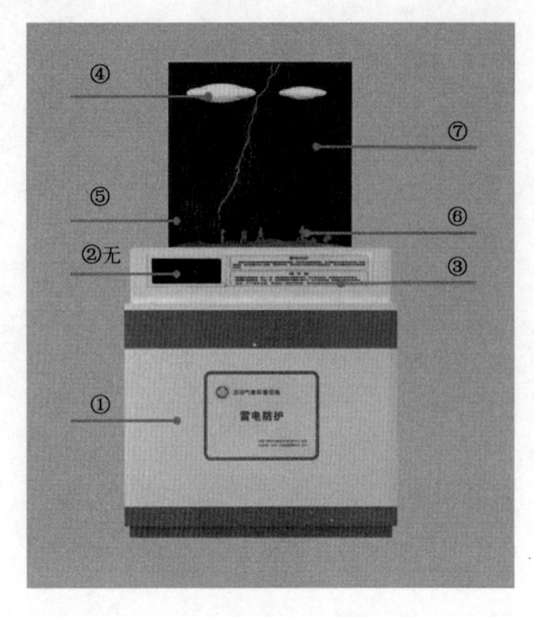

①玻璃钢展台

②数码相框(暂不需要)

③说明牌

④云朵造型(有机玻璃雕刻含不锈钢放电针)

⑤场景沙盘

⑥人物造型(有雕刻字说明该人物的动作)

⑦有机玻璃罩(背后贴电闪雷鸣装饰背景图)

【展示效果说明】观众按动按钮,会看到放电现象。台面上的人物场景模型,会倒下,表示“被雷击中”;没有倒下,表示“安全,没有被雷击中”

【说明牌内容】

做一做:按动按钮,会看到放电现象,仔细观察模型人物的动作。

启迪与智慧:雷电发生时,处在室外的正确防雷避险方法是:远离高大树木、高压线塔,寻找地势低洼的地方蹲下;不要使用手机等无线电设备;将扛在肩上的高尔夫球杆、锄头等金属物品放下;旷野中应立即抱头下蹲,不要站立。

3.8 流动展板

【展品名称】流动展板

【展品效果图】

【展品说明】展板以文字加图片的形式,是科普宣传活动中不可替代的平台。根据流动科普宣传的特点,设计出便于组装展示的流动展板。

展板内容为：

(1)大气分层、温室效应；(2)看云识天气；(3)天气预报能100%准确么；(4)天气预报是怎么制作出来的；(5)气候变化事实；(6)气候变化影响及应对；(7)人工影响天气；(8)气象灾害与防御—道路结冰；(9)气象灾害与防御—寒潮；(10)气象灾害与防御—暴雪；(11)气象灾害与防御—雾；(12)气象灾害与防御—霾；(13)气象灾害与防御—暴雨；(14)气象灾害与防御—冰雹；(15)气象灾害与防御—干旱；(16)气象灾害与防御—高温；(17)气象灾害与防御—雷电；(18)气象灾害与防御—沙尘暴；(19)气象灾害与防御—大风；(20)气象灾害与防御—霜冻。

3.9 流动影院

【展品名称】流动影院

【展品效果图】

【展品描述】:利用搭建灵活的移动帐篷,配以高清投影机和播放设备,迅速搭建一套气象科普影院平台,播放气象知识、防灾减灾视频,生动直观传递气象科普知识。

4 应用推广与启示思考

4.1 应用推广

中国气象局气象宣传与科普中心充分发挥流动科普设施作用,组织开展了流动科普万里行活动。活动由中国气象局联合科学技术部、中国科学技术协会、中国气象学会主办，由中国气象局办公室和中国气象局气象宣传与科普中心具体承办，由各省(区、市)气象局具体实施向市、县、乡镇的延伸服务。此活动以“普及气象科学知识，保障生态文明建设，服务社会经济发展”为宗旨，以气象防灾减灾和应对气候变化为主题，以社区居民、农民、中小学生为重点对象，推动国家级优质气象科普资源与地方、基层共享，充分发挥“流动科技馆”深入服务基层的优势，普及相关气象科学知识，提升公众的应急避险能力和气象科学素质。活动在2013年3月23日——世界气象日期间启动，先后在北京什刹海社区、中国气象局大院、河北易县石家统村、满城西山花园社区、邯郸市邯山区实验小学、湖北潜江市后湖农场、鞍山钢都实验小学、鞍山铁东区青少年活动中心等地开展现场科普活动，为近10000人面对面普及气象科普知识，取得了十分显著的科普成效。截止2014年底，活动总里程数已达5200千米，受众人群近2.5万人次。

本系列活动受众广泛，形式多样，内容丰富，受到了社会大众和各级单位的欢迎，并进一步推进了气象科普进农村、进校园、进社区工作。在活动现场，公众不仅可以领取到《气象知识》专刊、科普图书、科普折页等科普宣传资料，还可以在随行科普大篷车的流动气象科普馆里参观地基观测系统、气象卫星、虚拟翻书等科普展品，体验科普游戏和互动项目，与气象专家面对面交流，咨询防灾避险、农业生产等气象方面的问题。展区还搭建流动影院，通过滚动播放应对气候变化、防灾避险等方面的科普电影电视片，增强避险自救的能力，更好地保护自身及他人生命财产安全。

4.2 启示与思考

1. 整合气象科普资源，推动优质资源向广大农村延伸服务

农村由于其人口众多、经济社会发展水平较落后的原因，一直是气象灾害防御的能力较为薄弱的地方。我国每年因各类自然灾害造成的人员伤亡事故80%以上，农、林、牧、渔业是受天气气候影响最大的行业[4]。因此农民对于气象科普的需求格外旺盛。同时由于经济、交通等各方面的限制，相当一部分居住在偏远乡村的农民无法接触到气象科技馆，接受气象科普教育。流动气象科普设施的建设是固定气象科普馆的有效补充。流动气象科普设施很好地解决

了科普展品的流动性问题，利用汽车等交通工具，将科普展品等优质科普资源送到了基层，送到了边远地区的青少年门口，让这些孩子可以亲手操作气象科普设施，学习气象防灾减灾知识。此外，流动气象科普设施起到了整合科普资源的目的，促进了各项传统科普工作的创新。每到一地，都根据当地公众的需要开展丰富多彩的气象科普宣传活动，为基层群众普及农村实用气象技术和气象防灾减灾知识，实现了各项传统科普工作的有机整合，形成了集成效应，起到了单项科普工作难以起到的影响。

2. 重视流动科普展品开发设计，更加符合广大基层需求

流动气象科普设施主要面向基层的大众需求，因此要充分考察好基层群众对于气象科普的需求，分析基层受众对于气象科普信息的需求类别以及需求程度，切实站在受众角度考虑流动科普设计的开发和搭配工作，多策划一些与受众生产生活关系密切的展项、展板。

重视和加强流动科普展品的策划设计工作。目前，在科技馆展览的全部设计制作经费中，策划、设计费用所占的比例，北美占 25％左右，日本占 15％左右，而我国普遍仅占 6％～8％，有的地方甚至更低。之所以美国、加拿大会出现像洛德公司这样只做策划设计方案、不做展品只做和展览施工的专业策划设计公司，并且其策划设计方案水平高、有新意，就是他们有尊重知识、尊重智力的制度安排[5]。要加快提高研发水平和创新，高度重视创意、策划、设计等方面的智力因素。在展品设计上，充分利用现代科技手段，拓展科普教育的形式，既要通过展示经典的气象科普展品，又要适应现代科技发展，反映气象行业的高新技术和前沿科学。

3. 加强策划，打造流动科普万里行品牌，扩大社会影响力

打造流动科普万里行品牌活动，充分利用流动科普万里行这一活动平台，借鉴国外的先进经验，加强活动策划组织，策划更多丰富多彩的展示内容、多媒体的教育方法、互动性强的活动方式，吸引更多公众参与。加强活动主题设计，从中融入竞赛性、娱乐性和荣誉奖励性，增进观众的参与意识，加强对气象科学知识的吸收程度，充分体现流动气象科普设施自身的资源优势。此外，在活动主题和内容选择上很注重就公众关注的热点问题开展科普活动，容易引起公众的共鸣，获得更好的宣传效果。

集中组织人力物力，加大经费投入，开发出一批深受公众喜爱，而且适合在

不同场合、面向不同人群、组织不同活动所需的流动气象科普设施集成资源包[6]。,充分利用全国科普日、科技活动周、北京科技嘉年华等大型科普活动平台,加大与中国科协等外部门合作,搭流动科技馆“顺风车”,不断扩大流动气象科普设施的社会影响力。

4 结语

现阶段,流动气象科普设施作为气象部门一种新的科普工作形式还处于发展阶段,而且在全国大范围实施的时间还不长,科普教育作用还没有真正发挥出来,尤其是在青少年科技教育中的作用。随着国家和气象部门对气象科普工作的重视程度在不断提升,气象科普工作在发展中不断创新,通过不断的努力,流动气象科普设施会向着全覆盖、系列化、可持续的方向发展,为全国气象科普工作尤其是基层气象科普工作发挥巨大作用。

参考文献

[1] 中国科学技术馆. 中国科协向基层科协发放 110 辆科普大篷车[J]. 科协论坛,2013(1).

[2] 李小瓯,盛业涛,邢金龙,等. 国内外流动科普装备综述[J]. 科普研究,2007(4):56-65.

[3] 孙磊. 论流动科技馆项目对基层群众文化建设的推动作用[J]. 山东工业技术,2013(9).

[4] 孙拴恩. 农村气象科普工作现状及对策[J]. 农村·农业·农民,2013(9):47-49.

[5] 董全超,许佳军,唐伟,等. 对组织流动科技馆为基层开展科普服务的实践与思考[J]. 科技创新导报,2004,**11**(4):249-250.

[6] 覃文. 以科普大篷车为例　推进科普资源共建共享的几点思考[J]. 科协论坛,2009(8):16-17.

气象科普媒体发展研究

新媒体时代气象科普工作的路径探析

张　晶[1)]　李海青[1)]　达　芹[2)]

(1. 河北省气象局,河北 050021;2. 保定市气象局,河北 保定 071000)

摘要:在科技高度发达的今天,我国已进入媒体多元化发展的大众传播时代,传统媒体与新媒体日益融合互通,新型信息传播手段不断涌现。随着气象灾害、气候变暖问题引起公众的广泛关注,人们对气象防灾减灾的认知变得越来越强烈。在传播形态日益体现出交互性、即时性、移动性、海量性、共享性、个性化的大背景下,预报预警手机短信、电视天气预报等传统公共气象服务品牌正面临传播方式单一和产品覆盖面狭窄以及体制机制改革等方面尴尬,以传单告知、展板展示、课堂宣教为主的传统气象科普已经难以吸引受众,如何充分利用新媒体加强科普宣传,已经成为当前面临的一个全新而重要的课题。

关键词:气象　科普　新媒体　互动性

在科技高度发达的今天,我国已进入媒体多元化发展的大众传播时代,传统媒体与新媒体日益融合互通,新型信息传播手段不断涌现。随着气象灾害、气候变暖问题引起公众的广泛关注,人们对气象防灾减灾的认知变得越来越强烈。在传播形态日益体现出交互性、即时性、移动性、海量性、共享性、个性化的大背景下,天气预报和灾害预警手机短信、电视天气预报等传统公共气象服务品牌正面临传播方式单一和产品覆盖面狭窄以及体制机制改革等方面尴尬,以传单告知、展板展示、课堂宣教为主的传统气象科普已经难以吸引受众,如何充分利用新媒体加强科普宣传,已经成为当前面临的一个全新而重要的课题。

1 新媒体的界定

媒体形式的不断出现和变化，媒体内容、渠道、功能层面的融合，使得学者们对于新媒体的界定，暂时还没有统一的定义。“新媒体”是一个通俗的说法，严谨的表述是“数字化互动式新媒体”。从技术上看，“新媒体”是数字化的；从传播特征看，“新媒体”具有高度的互动性。新媒体主要包括以下三大类：第一是网络类，包括搜索引擎、各类网站（门户网站、新闻网站、视频网站、社交网站、网络社区、电子商务网站等）、网络电视 IPTV、网络报纸、网络期刊、博客、播客、微博、其他等；第二是未来的互动式数字电视；第三是手机媒体，包括短信彩信、手机报纸、手机期刊、手机图书、手机电视、手机微博、微信等。[1]

《Online》杂志给“新媒体”下过一个定义：由所有人面向所有人进行的传播（Communications for all，by all）。传统媒体使用两分法把世界划分为传播者和受众两大阵营，不是作者就是读者，不是广播者就是观看者，不是表演者就是欣赏者。新媒体与此相反，它使每个人有听的机会，也有说的条件，实现了前所未有的互动性。[1]

2 新媒体背景下气象科普面临的挑战

中国互联网络信息中心（CNNIC）第 34 次《中国互联网络发展状况统计报告》显示，截至 2014 年 6 月，我国网民规模达 6.32 亿，其中，手机网民规模 5.27 亿，互联网普及率达到 46.9%。网民上网设备中，手机使用率达 83.4%，首次超越传统 PC 整体 80.9%的使用率。新媒体传播范围广、传播效率高，传播速度快、传阅人数多，在向公民普及科学知识带来便利的同时，也带来了挑战。

2.1 新媒体的创新发展，使气象科普信息发布的管理难度增加

伴随新媒体信息量大、参与性强、传播快等诸多优势，它的缺点与生俱来：信息碎片化、缺乏严谨性，垃圾信息多、缺乏深刻性，信息源杂陈、缺乏权威感。新媒体时代让每个人都成为信息的源头，扩大了传播速度。然而，在无限传播、转发的过程中出现了大量的只言片语，时常与源头信息表达的内容截然相反。同时，由于缺乏像传统媒体那样的监督机制，大量的虚假、不明信息便出现在公

众的视野。一系列虚假的信息为当事人、热点事件、相关工作带来不良影响，为公众造成了疑惑，甚至引起社会恐慌。[2]

2.2 极端气象灾害频发，给气象科普事业的发展带来挑战

近几年，各种极端气象灾害和次生灾害频繁发生，如2008年的雨雪冰冻灾害和2010年甘肃舟曲特大泥石流等，都给国家和人民的生命财产安全造成了巨大损害。这些灾害因其突发性等特点，容易对公众心理造成影响，甚至引发一系列社会问题。在气象灾害高发的背景下，以气象科学知识为基础的气象科学素养显得越来越重要。新媒体可以跨越传统科普宣传的时空限制，以多样化的传播方式、丰富的传播内容进行交互式的传播，将文字、图片、声音、影像等传播符号结合在一起，让传播的内容更加丰富，使得科普宣传的内容更加直观、形象、生动。

2.3 气候变暖、生态环境破坏等问题，给气象科普带来巨大压力

随着气候变暖、生态环境破坏等问题的提出，我国的经济发展现状经常成为他国非议的软肋，民众迫切需要充分掌握科学信息以适应社会的变化和发展。如温室气体排放量增加、霾污染严重等问题中，西方发达国家通过公众舆论、媒体、民间组织调研报告等形式来影响我国政府决策、传播意识形态以及环保理念同化。[3]适时的气象科普可以提高公民对气候变化这样的政治生活的有效参与程度，充分理解各项减排政策法规的内容和意义，并自觉地形成环保行为。

3 新媒体时代气象科普工作的新要求

新媒体的传播特点是一把“双刃剑”，只有扬长避短，加强对新媒体、新技术的规律性研究，搭建气象服务信息传播、气象科学知识普及的重要平台，才能充分发挥其普及全民科学知识的积极作用。

3.1 熟悉传播特点，打造专业平台

新媒体时代已经成为一种不可阻挡的潮流，要做好气象科普工作，必须熟知它的传播特点和传播规律，培养一批熟知新媒体时代规律的科普队伍，在科

普内容、科普时机、科普方式等方面都要符合新媒体时代信息传播的特点，并以此为基础打造专业的科普平台，做到有的放矢，达到好的科普效果。

2014 年第 10 号台风“麦德姆”来袭时，福建省气象局宣传科普中心针对其及时制作了生动有趣的系列科普图文宣传产品，如《台风“麦德姆”的前世今生》《台风天如何提高出行安全系数》《台风后暴雨引发的次生灾害该怎么防御》《“麦德姆”，登陆后你去哪儿了呀》等，通过福建气象门户网站、福建气象官方微博、新媒体气象科普品牌“八闽风云说”等进行了联动发布。这组图解一经推出立即获得了良好反响，新浪网、东南网、中国气象网、中国气象科普网等多家主流网络媒体以及央视新闻、中国气象局官方微信的新媒体进行了转发，更有许多网友通过微信进行转发，营造了浓厚的防台抗台避险舆论氛围，达到了较好的气象科普宣传效果。

3.2 整合媒体资源，构建科普一体化系统

整合传统媒体和新媒体资源，建立健全信息来源和传播渠道，打造气象科普的一体化系统，不但可以及时地传播信息，产生最佳的科普效果，还保障了气象科普的科学性。

以台风“麦德姆”为例，搜狐新闻客户端政务发布厅进行台风直播——《风雨来袭：直击台风“麦德姆”》，在线参与人数近 45 万人，直播时长 150 分钟；搜狐新闻客户端、新浪新闻客户端、中国气象报社、万千气象等编辑内容达百余条；中国气象局官方微博发布相关台风消息 50 条，微信发布台风信息 6 条，微视 3 个；中国气象网与新华网联合推出专题 1 个，联合访谈 1 个。中国气象科普网重点发布《台风登陆点是怎么确定的?》《台风预警发布后，我们怎么办?》《预报台风登陆点为何难?》等科普信息，其官方微博微信发布《暴雨行人行车遇险自救指南》《雨后小清新的 气味从何而来》《气象专家解读近期影响我国台风的特点》《三伏天吃“三薯”防中暑》等，阅读量 1 万到 5 万不等，《谁在操控台风路径》阅读量达到 22 万。中国气象报通过版面联动，多角度、多方位关注气象服务及相关防灾减灾科普等，形成文字报道 19 篇，图片报道 8 幅，并借此推出我国台风预报技术进展剖析，突出反映我国台风预报技术正呈现不断进步的态势。2014 年 9 月 24 日，搜狐新闻客户端河北气象局政务厅试水直播“草原天路：平凡之路不平凡”，围绕位于河北省张北和崇礼交界处被誉为“中国式 66 号公路”，与网友实时互动交流，120 分钟直播中，在线人数超过 22 万人。

3.3 全方位策划,使科普作品形式更加多样化

需要说明的是,整合媒体资源虽然促成了不同业务形态的集成,但这并不等于减少了业务形态的多样性。科普作品原来都是以纸书、图文并茂的形式出现,而随着信息技术的发展,科普作品的表现形态更加丰富多彩,从表现形式来看,除了传统出版的文字形态之外,更多的是把文字、图像、音频、视频、Flash、检索、关联等进行整合,形成图书、影像、游戏、片段等多种形式来表现相关的内容。[4]充分利用报纸、期刊、广播、电视、网络各种媒体,开展气象科普宣传教育,可以极大地丰富科普作品形式。

2013 年,唐山大地震 37 周年纪念日前夜,河北省地震局等 10 余家单位联合,在全省开展知识竞赛,同步电视播出,向公众尤其是中小学生普及地震防御知识。从播出平台和收视效果看,节目当日在河北电视台第五套节目和石家庄电视台直播。其中,河北电视台第五套节目覆盖人群在 2000 万左右,收视率达到 0.08%;石家庄电视台覆盖人群 800 万左右,收视率达到 0.47%。活动第二天,河北卫视重播,该频道覆盖全国受众,重播收视率 0.06%;据此计算,该活动收视人群至少在百万以上。

由此可见,利用电视媒体直观性强、冲击力大、感染力强、高注意率见长的特点,科普效果同样较好。新媒体时代仍不可忽视传统媒体的影响力,根据不同的媒体特点,发布不同形式的科普作品,可以使科普作品的传播更加立体化。“如对暴雨知识的普及,原来只能图文并茂地介绍暴雨的形成、危害等,不够形象不够直观,如果配以暴雨形成时水汽动态聚集影像,暴雨造成洪涝、山体滑坡等灾害的影像,可以更直观更震撼地表达相关知识,使人印象深刻。”[4]

4 新媒体时代气象科普工作的新路径

新媒体的“互动性”特点,决定了气象科普不再以知识的传授者为中心,而以用户(气象科普对象)为焦点,“使参与者由外部刺激的被动接受者和大气科学知识的灌输对象,转变为信息加工的主体、气象科学知识意义的主动构建者”[5]。因此,新媒体时代,需要采用全新的科普模式和创新的科普理念,变单向宣传为良性互动,变被动应对为主动引导,积极扩大气象宣传科普的覆盖面和影响力,营造有利于气象事业发展的舆论氛围。

4.1 变单向宣传为良性互动

新媒体用户的主动参与和随机选择为气象科普工作留下很多想象空间，科普内容要注重科学知识的再创造，让用户主动参与进来，能够实时互动，有切身体验，把科学性、知识性和趣味性结合起来，又不占有其更多时间，是关键、很重要，也是基本要求。当前，网站依然是科普宣传必须的界面平台，但以告知、展示、宣教为主要功能的传统科普网站已经难以吸引受众。[6]从信息流向而言，可能是"一对多"传播，也可能是"多对多"传播。尽管从内容到形式都丰富多彩，但仅做到这一点依然是不够的。一个良好的科普网站平台，应注重互动功能的最大化。如中国气象科普网上的科普游戏，寓教于乐，强化参与与体验；如若打造具有强烈参与性和体验感的虚拟气象科普场馆，让用户亲身参与、亲自动手、亲自解决问题、亲身享受真实体验等，在活动中深刻体会理解科学知识的积累和发展过程，体会科学方法，感染于科学精神，可以实现"被动科普"到"主动科普"的转变。[5]

4.2 "线上"与"线下"结合

新媒体要成为联动受众的平台，还须打通"线上"与"线下"的壁垒，可根据需要在线上推出有趣有意义的活动、调查、访谈或讨论等。例如，河北省气象局官方微博"河北天气"，不仅在"线上"召集天气志愿者，更是在2013年防灾减灾日期间"线下"组织召开志愿者见面会，互动畅谈科普体会、交流科普服务需求；在2014年防灾减灾日期间"线下"组织志愿者前往武安市七步沟景区，通过参观气象科普教育馆、为游客发放防灾减灾气象知识手册、气象扑克、气象小扇子，参与气象知识问答等方式，开展气象防灾减灾科普活动。

4.3 "官方"与"民间"结合

科普宣传是一项公益事业，不仅主管部门要高度重视和积极参与，还要广泛调动民间的参与积极性，最终形成合力。以做好微博举例，当前一些对气象科普具有浓厚兴趣的专业人士，开设了自己的微博，发布的内容兼具专业性与趣味性，但也具有局限性，可以对其加强组织和引导，围绕他们的微博个性和魅力人格，组建保障团队，开发挖掘潜质，加强支撑和扶助，形成一支传播气象服务产品、监测和引导气象舆情的生力军和科普宣传的"国家队"。

4.4 事业与产业结合

新媒体为气象科普内容传播铺就新的高速公路。抓住这一机遇,与产业链上各方构建合作机制,密切与运营商合作,结合点很多。运营商需要合作伙伴提供系统应用和服务产品以吸引用户,气象科普可以借助预装系统和产品,研发气象灾害防御、气候变化、天气原理等方面的手机游戏、视频分享,发布一批应用性强、智能程度高的气象科普产品,用优质科普产品吸引一定规模用户,提高气象科普覆盖面。同时,继续加快组建科普专家团队,源源不断提供好看的、实用的科普素材,长此下去,或可促进气象科普社会化、常态化机制建设。

参考文献

[1] 匡文波.关于新媒体核心概念的厘清[J]. 新闻与传播研究,2012(10):32-34.

[2] 刘积舜,万娱,张高飞.新媒体时代新闻宣传工作的挑战与对策[N].中国石油大学报,2013-07-13.

[3] 雷选标.新媒体背景下环保科普工作的新途径探析[J].科普论坛,2013(8):55-58.

[4] 吴晓鹏.谈全媒体时代科普作品之策划[J].出版参考,2013(12):22.

[5] 陈正洪,杨桂芳.气象科普的“深度参与理论”[J].科普研究,2012,**7**(039).

[6] 杨维东.社会化媒体环境下科普宣传的平台建构与路径探析[J].新闻界,2014(13).

浅谈新形势下如何借助第五媒体做好气象科普工作

——以中国气象科普网微博、微信为例

方　阁　程文杰　琚书存　洪　宸　曹晶晶

(安徽省农村综合经济信息中心,安徽 230061)

摘要:21世纪,无线通信技术高速发展。随着智能手机的普及,移动互联网已经跻身社会主流媒体行列,成为继报纸、广播、电视、互联网之后的"第五媒体"。在这个人人抱着手机上网的时代,气象科普工作如何抢占手机这块屏幕,更精准、即时、生动地为受众提供气象科普知识是一个值得探讨的话题。

本文以中国气象科普网微信、微博为代表,分析总结了目前气象科普类微信、微博编写推广的难点,并结合时代的发展及受众的变化,对新形势下气象科普类微信、微博编发提出一些较合理的意见,期待为其他气象科普类微信、微博工作提供有益的启示和实际的参考。

关键词:气象科普　移动互联网　微博　微信　传播

引言

2012年,中国气象局局长郑国光在接受中国政府网采访谈到气象科普工作时强调"科普工作是气象服务的一个重要部分,也是发挥气象服务效益的重要途径、重要手段"。气象科普工作在惠及民生、凝聚共识、提升社会公众防灾减灾和应对气候变化的意识和能力方面作用越来越突出。气象科普工作是气象事业的重要组成部分,是公共气象服务的有效拓展和延伸,是提升气象软实力,

促进全民科学素质提高的重要途径。[1]

近年来，气象科普工作取得了很大成就，但是科普工作距离社会和公众的要求还有差距。气象科普工作一直存在形式较单一，覆盖面低等短板。传统的气象科普工作者，做了很多有益的尝试，如组织青少年气象夏令营活动；邀请气象专家做专场报告会；利用“世界气象日”走进街道社区开展形式多样的气象科普宣传。实践发现这些传统的气象科普宣传形式实效显著，但是受众比较小，能接触到这些活动和信息的受众比较有限。随着无线通信技术的高速发展，手机成为气象科普传播的有力渠道，气象科普工作者要调整思路，转变方式，做出精彩生动，科普性与趣味性完美融合的作品，通过微博微信等新兴渠道，推送到受众手上，让更多人了解气象，为更多人提供科普服务。

1　中国气象科普网微博微信发展情况

中国气象科普网微博、微信是依托中国气象科普网（www.qxkp.net）建立，隶属于中国气象局气象宣传与科普中心，由安徽省气象局农村综合经济信息中心承担栏目策划、信息编辑、运营推广等工作。近年来，在中国气象局办公室和宣传科普中心的关心支持下，紧紧围绕“气象科普服务百姓生活”主题，面向公众做好气象科普工作。

微博（Weibo），微型博客（MicroBlog）的简称，是一种通过关注机制分享简短实时信息的广播式的社交网络平台。2009 年 8 月中国门户网站新浪推出“新浪微博”内测版，成为门户网站中第一家提供微博服务的网站，微博正式进入中文上网主流人群视野。截止到 2013 年上半年，新浪微博注册用户达到 5.36 亿，2012 年第三季度腾讯微博注册用户达到 5.07 亿，微博成为中国网民上网的主要平台之一。[2]

中国气象科普网微博于 2013 年上半年开通，通过实名认证。经过一年多的发展，粉丝量近二十万。每天发布五至七条微博，节假日也不间断。气象科普网微博实行专人管理，不搭空架子，做实与公众互动，及时回复粉丝的私信和评论。同时与“南京天气”“上海市天气”“东海预报中心”“中国气象爱好者”等兄弟单位的官方微博沟通互动，让微博活起来。

微信比微博的出现晚三年，是腾讯公司于 2011 年 1 月 21 日推出的一个为智能终端提供即时通讯服务的免费应用程序。微信依托腾讯强大用户基础，截至2013年11月注册用户量已经突破6亿,成为亚洲地区最大用户群体的移动即时通讯软件。

2014年2月14日,中国气象科普网微信公众号(订阅号:qxkpw2014,服务号:qxkp2014)正式开通,每天推送科普常识、重要天气资讯等信息,成为气象科普宣传的新平台。

2 中国气象科普网微博微信编辑推广难点

中国气象科普网微信、微博从开通到粉丝过百、过千、过万,是一个颇为不易的过程。在我们的工作中有一些比较深的感受。

2.1 信息来源匮乏

无论是科普类的报纸、电视、网站都面临着信息源匮乏的问题,做为第五媒体的微博微信也不例外。信息的主要来源大多是中国气象局网站、中国气象报、天天气象等,科普类信息不像新闻类信息时时都有更新,也不像小说散文可以创作,除了中国气象局等权威单位的报纸、网站外,气象科普工作者手上难以拿到一手的权威信息,尤其对每天都要发送的微博微信来说,有时会出现无米下锅的尴尬情况。

2.2 专业知识匮乏

气象科普类微博微信强调科学性,要想做得专业、精致,对编辑人员有很高的要求。近几年,随着微博微信不断受到关注,不少单位都开通了自已单位的官方微博微信。负责维护这些微博微信的编辑人员可能是从其他岗位临时借调过来的,没有气象、美术、文字编辑等方面的专业知识,只能边做边学,摸索前进。

(1)缺乏气象知识。微信、微博有一个很显著的特征就是互动性,用户在看到信息后,往往会有疑问反馈给编辑人员,这些问题是五花八门的,可能是发一张照片,问这是什么云彩?可能是一张雷达图,问怎么分析?许多负责维护官方微信、微博的工作人员并不是气象专业出身,面对这样的问题就会很棘手,这是编辑人员面临的最大挑战。

(2)缺乏美术功底。随着科技的发展和生活节奏的加快,现代人进入了"读图时代”，图片处理需要编辑人员有较高的美术功底，要熟练使用photoshop、美图秀秀、光影魔术手等图片处理软件。长微博的制作，更需要对文字与图片进行整体把握。只有文字与图片完美搭配的作品才能不断刺激眼球，激发受众的求知欲。

(3)缺乏文字编辑能力。微博的发布长度限制在140字，要求语言高度凝练，长话短说。同时，微博微信为了适应受众休闲娱乐的需求，要求语言活泼生动，诙谐有趣。特别是微博对这方面的要求更加突出，编辑的语言风格要适当调整，多用网络用语，拉近与受众的距离。

2.3 人力资源限制

官方微博微信的编发推广是团队活动，需要团队的集体劳动。在发展初期，一个人负责从选材、编辑、图片处理、互动等工作还可以勉强支撑。随着粉丝量的逐渐增加，回复、评论、私信等信息会越来越多，一个工作人员会难以支撑。而现在许多单位公司甚至政府部门的微博微信只有一个工作人员勉强支撑，由于人员的限制，没有精力在做好信息编发的同时，做好互动工作。如果受众发来的私信、评论不能及时回复，就会直接影响阅读量、转发量。

3 气象科普类微信、微博编辑推送原则

对于气象科普工作者来说，要想做好科普类微信、微博，第一要务是明确微信、微博的定位，它是人们利用碎片化时间休闲娱乐，社交互动的一种方式。科普类微博微信有一个特殊性就是科学性，要把科学性放在首位，兼具即时性、互动性、趣味性。定位清楚后，编辑人员才能有的放矢，做出吸引人的作品。这里结合中国气象科普网微博微信发展经验简要介绍几点原则：

3.1 官方微博微信要通过实名认证

气象科普类的官方微博，首先要做的是上传单位组织机构代码，法人代表等真实信息进行实名认证，实名认证后发出的微博就不仅仅是一条未经验证的信息，经过实名认证的微博就代表一个真实的个人或单位。这一个小小的蓝V背后，给粉丝传达一个真实、坦诚、自律的信号，粉丝会在心理上更加信任你发布的信息。

图 1　中国气象科普网微博

图 2　中国气象科普网微信

3.2　内容精良，是长期抓住用户的基础

有人说新媒体时代下，受众的阅读习惯发生变化，快阅读、轻阅读、易阅读越来越普遍。传播渠道的多样化，大家已不那么在意内容。但是如果希望这个用户成为忠实用户，内容权威、及时、可信、可读就很重要。

(1)贴近生活，接地气，深入浅出，轻松易懂。第五媒体的发展是从中低端用户群体中兴起的。这些用户群体年龄低、收入低、学历低、社会地位低，他们因为没有更多其他渠道或经济能力接触其他媒体，尤其是电视、互联网媒体，缺乏信息和娱乐的来源，只能将手机作为唯一的资讯和娱乐获取工具。[3]气象科普类微博微信面对普通群众，不是面对气象专家。所以编辑人员要注意编写贴近百姓生活，百姓看得懂，有兴趣的题材，才能吸引用户。如：《今天是世界蚊子日！你知道吗？》《地震来时，抓住 12 秒自救机会》《暴雨行人行车遇险自救指南》等这类的题材，都有较好的阅读量和转发率。

(2)紧跟热点事件，注重即时性。气象科普类信息可以“炒冷饭”，但是“炒冷饭”要有技巧性，发送的时机会决定信息的受欢迎程度。例如在日常工作中发送地震与气象相关的信息，人们可能不会留意，但是地震发生后人们对地震的信息会更加关注。及时发送紧跟热点事件的科普类信息就很重要，普及率会大大提高。

2014 年 8 月 16 日，南京青奥会开幕，发布《气象巧作美 赛场趣事多》《天气影响赛事之最》《影响体育运动的主要气象要素》《体育与气象—密不可分“小伙伴”》，阅读量和转发率明显高于日常。

(3)在注重趣味性、生动性的同时，更要注重科学性。气象科普类微博微信不同于心灵鸡汤类微博微信，不能片面追求趣味性、生动性，科学性是第一位的，是核心。只有信息内容本身是正确的，普及给广大粉丝才是有用的，否则，普及的范围越广，产生的危害越大。

3.3 有好内容，也要有好包装

信息时代，各种各样的资讯信息充斥着眼球。什么样的信息能够吸引住受众的注意力？气象科普类文章的软肋是大多不具备趣味性，要想让气象科普类微博微信吸引更多的用户，除了精良的内容外，精良的包装一样不可或缺。

现代社会生活节奏加快，许多人没有耐心看长篇累牍的文章。多数用户会更愿意利用碎片化的时间，浏览一些清新明快的图片，配上简短的文字。图片处理工具很多，专业的有 Photoshop，简单的有光影魔术手、美图秀秀等。

微信的图片处理有别于微博，图片、动画、图表等嵌入，需要严格控制图片大小，数量，首页大图按照(900×500)的大小，原则上图片内容少于 3 张(微信公众号图片上传支持 300K 以内的)。

3.4 加强互动，与粉丝形成良好交流

(1)及时回复粉丝的私信、评论。粉丝看到感兴趣的微博微信，有感而发，会随手写评论。或有疑问，会提出一些相关问题。编辑人员在看到这些私信、评论后，决不能置之不理。在发展初期，即使粉丝发来一个表情，也要认真回

复，让粉丝感受到被尊重，这是发展忠实粉丝的重要手段。

对于一些专业内有影响的蓝 V 用户，要主动评论或者转发其微博，发私信主动求关注，成为别人的听众或粉丝；在日常工作中常互动聊天，增加与粉丝的粘合度。

(2)举办微博微信线下小活动，让互动从线上发展到线下。微博微信是一个社交平台，社交是它的重要属性。线上的沟通交流慢慢会发展到线下，这种线下活动包括私人的线下活动，也包括官方组织的线下活动。如组织对气象感兴趣的活跃粉丝座谈，参观气象科普公园、多普勒雷达、观测场等。这种线下活动，时间短、成本低，能很快拉近粉丝与气象的距离，达到气象科学普及的作用。同时，通过他们的辐射作用，带动更多身边的人认识气象，了解气象。

3.5 讲究发送频率和发送时间

据调查，微博微信受众上网时间是有规律可循的。一般来说上班高峰、午休、下午四点后、晚 8 点，这些时间点之前发微博微信，比较容易引起关注。这里介绍高峰时间段，供参考。

周一至周五：09:00—10:30
11:00—11:30
14:00—15:30
16:00—17:30
19:30—22:00
周六： 11:00—12:00
14:00—19:00
21:00—23:00
周日： 11:00—12:00
18:00—23:00

周五临近放假，微博内容尽量在 14:00 前发送完。如果休息日不能及时发送信息，微博可以利用皮皮时光机助手(第三方微博应用工具，可交时发布微博，交时转发高功能)，事先设置好微博的发送时间和内容，到预计时间自动发送。

微博的发送频率也有讲究，如果微博一两天都不发送一条信息，自然就没有粉丝关注，更新频率不高的微博无法吸引人关注。不过也不能太过频繁，每天发送量最好控制在 5 至 10 条，而且一小时内不要连发两条[4]。

2014 年，腾讯科技企鹅智酷栏目与中国人民大学新闻学院新媒体研究所共同发布移动媒体趋势报告《中国网络媒体的未来 2014》。报告指出，2014 年 6 月，中国手机上网比例首次超过 PC 机上网比例，手机网民的规模超过了八成。趋势显而易见，气象科普工作者要尽快抢占"手机"这块高地，在学习掌握微信、微博编辑推送原则的同时，树立科普意识，用好身边的手机，每一位气象工作者都可以借助新媒体成为优秀的气象科普人。

参考文献

[1] 中国政府网. 科普工作是发挥气象服务效益的重要途径和手段[N/OL]. 中国政府网，2012-06-05. http://www.gov.cn/zxft/ft226/contet_2153179.htm.

[2] 刘书芳. 热门微博的传播学解读[J]. 今传媒(学术版)，2014(5)：109-110.

[3] 第五媒体研究中心. 第五媒体行业发展报告[R]. 第五媒体发展论坛，2010.

[4] 王国海，邵巧宏，史朵朵. 怎样发微博最有效？[N]. 钱江晚报，2012-10-10.

新媒体环境下的气象科普工作研究

田依洁　王　晨　胡　亚　何孟洁
（中国气象局气象宣传与科普中心，北京 100081）

摘要：21 世纪以来，在实施《全民科学素质行动计划纲要（2006—2010—2020 年）》（以下简称《科学素质纲要》）的推动下，我国科技传播与普及（以下简称科普）事业发展迅速，科普理念进一步提升，科普政策环境不断优化，科普实践工作取得丰富硕果，公民科学素质建设成效显著，科普事业在管理模式、运行机制、科普内容、科普队伍、科普方式等方面也发生了巨大变化。

对于气象科普工作，我们应该认识到还存在着许多亟待解决的问题，政策法规体系急需完善，投入需要切实加大，科普资源建设特别是科普资源共建共享应该进一步加强，科普能力有待进一步提高，适应新媒体时代的科普方式方法要进一步创新，科普理论与实践研究需进一步深化等。进一步完善科普工作人员工作成果的评价体系和认知体系，建立科普工作者的激励机制，高度重视科普工作者的职称评定问题，推进我国气象科普事业的发展。

1　新媒体

1.1　新媒体的概念

新媒体的概念是 1967 年由美国哥伦比亚广播电视网技术研究所负责人

Peter Goldmark 率先提出的[1]。新媒体是新的技术支撑体系下出现的媒体形态，如数字杂志、数字报纸、数字广播、手机短信、移动电视、网络、桌面视窗、数字电视、数字电影、触摸媒体、手机网络等。相对于报刊、户外、广播、电视四大传统意义上的媒体，新媒体被形象地称为“第五媒体”[2]。新媒体具有交互性与即时性、海量性与共享性、多媒体与超文本、个性化与社群化等特性[3]，较之于传统媒体有其自身的特点。

1.2 新媒体的特点

相对于传统媒体而言，新媒体是传统媒体的延伸与融合。新媒体作为科学知识的传播载体和媒介，促进科学传播与普及在新媒体环境中呈现出新的特征。

1.2.1 融合性

新媒体可以利用图文、音像等多种符号形态对科学技术知识进行传播，将之有机融合在一个传播单元中，使科学技术知识传播具有更好的综合性、直观性、形象性，更符合公众的思维规律，从而提高科学传播的效果。

1.2.2 互动性

科学传播方式发生很大变化，不再是被动地接受科学知识，而是民众与民众、民众与科学的互动。新媒体的运用，使传播者与接收者扮演了双重角色，受众不但不是被动的，而是积极参与科学传播过程，民众与科学家平等交流，实现了科学传播与普及的平民化。

1.2.3 参与性

美国对新媒体的定义就是人人对人人的传播。新媒体科普的生命力就在于每个人都可以成为科普的传播者和受众，呈现出人本传媒的特征，表现为受众拥有了巨大的参与权和话语权，传播者和接受者之间的区别在弱化[4]。新媒体由于有了无数人的参与，才能及时更新新媒体科普的内容，纠正错误，创新新媒体的形式，从而吸引更多的人加入进来。

1.2.4 即时性

新媒体显示出传播与更新速度快、成本低、信息量大等独特优势和魅力，为人们提供了及时便捷的科普途径和渠道。特别是面对突发气象灾害，如台风、洪水、暴雨等事件,借助新媒体开展科普是最好的途径和最便捷的办法,同时也是传授避险方法的有效途径和方式。

1.2.5 便捷性

通过手机短信、移动互联网、移动电视、微博、微信等方式,便于人们获取相关科技知识。生活节奏的加快和人们闲暇时间的碎片化,很难指望人们能经常挤出整块的宝贵时间去接受科普,而在上下班及外出途中零散地学点科技知识、接受科普则成为一个很好的选择,也使人们在拥堵的交通途中找到了利用时间的好方法,许多科普发生在交通途中,成为人们学习科学知识和方法的极佳时机,使得提高公民科学素质多了一个便捷的时段。为适应人们闲暇时间趋少和碎片化的特点,科普知识则可以"微科普"形式传播。

2 新时期科普工作

2.1 科普工作的概念及特点

"科学技术普及,是指以公众易于理解的内容和易于接受、参与的方式,普及科学技术知识、倡导科学方法、传播科学思想、弘扬科学精神。"[5]因此,科普必须面向广大公众,通俗易懂、深入浅出、生动活泼。科普的内容既包括自然科学与技术,也包括社会科学和思维科学,既是科学技术知识的普及,也是科学方法、科学思想、科学精神的普及。科普活动具有双向互动性,即公众对科普不仅是接受,更重要的是参与其中、享受科学技术的便捷与快乐。

2.2 科普政策法规体系初步形成

自20世纪90年代特别是进入21世纪以来,根据我国科普事业的发展要求,中央先后出台了包括《科普法》和《科学素质纲要》在内的一系列相关法规和政策,已经形成了以《科普法》和《科学素质纲要》为核心的科普政策法规体系雏形。科普法律法规体系的不断健全为科普事业的发展提供了制度保障,也促进了政府推动、多元投入、社会各界参与的科普工作新局面的初步形成,促进我国科普事业发展到一个全新的阶段。

2012年,中国气象局组织召开第四次全国气象科普工作会议,会议突出强调了要发挥气象科普工作在公共气象服务中的作用,提高气象科普的针对性和有效性，并逐步构建气象科普社会化工作格局，提升气象科普的能力和水平。

2012年底，中国气象局印发《气象科普发展规划(2013—2016)》。《规划》提出在未来一段时间内的具体工作要求，明确了气象科普发展的五项主要任务，为气象科普工作指明方向。

2.3 新时期科普工作面临的新任务、新挑战

为深入贯彻落实党的十八大精神，为全面建设小康社会奠定基础，科普工作必须准确把握全民科学素质工作面临的新形势和新要求，紧紧围绕《科学素质纲要》的工作主题，突出科普工作的大众性、基层性、基础性，围绕目标，明确责任，重心下移，服务基层，贴近公众，惠及民生，为创新型国家建设、美丽中国建设、全面建成小康社会作出新的更大的贡献。

当前，我国社会正处于转型期，诸多社会问题的出现夹杂着对一些科学认知和科学精神的错误理解等因素，比如暴雨、洪涝、台风、泥石流等气象灾害引发的相关社会问题，其中既有民众对政府决策、气象服务的不满和对切身利益的关心，也有对科普知识的匮乏和误解。

这些都是过去科普工作者不曾面临的新问题。在当前数字化和信息化高速发展的时代，群众的诉求、兴趣、心理、参与等变化越来越快且越来越复杂。面对这样的现实和挑战，科普工作者只有早研究、早预测、早发现，才能走在事件和时间的前面，第一时间给予合理的解释和帮助，及时充当缓解矛盾的稀释剂。如果我们总是比发生的事件"慢半拍"，那么就只能跟在事件的后面，出现"老办法不管用、新办法不会用"的尴尬局面[6]。

在具体的科普工作方式上，由于观念、方式、机制没有及时跟上时代的变化，导致一些科普工作方法保守、形式呆板，缺乏想象力和创造性，不能及时缓解矛盾和解决问题。如果只依赖于组织或行政资源，那么离开了这些资源，就难以开展工作。即使拥有这些资源，但也会由于中间环节脱节和基层科普组织乏力而无所作为。

传统科普载体与方法与公众日益提升的科学素养需求之间存在着诸多矛盾，要求我们探索并建立一系列与公众需求相适应、与科技发展相匹配的科普工作新载体和新方法，并与传统科普工作方式方法互相补充、相得益彰。

3 新媒体环境下的气象科普发展

根据气象科普工作发展的现实需要以及不同群体的气象科普需求，面向不同公众群体开展了各种类型、各种形式的科普实践活动，推动了科普手段、形式、渠道的创新，活跃了科普工作的局面，拓展了科普工作的渠道。面向青少年学生群体组织了许多科学体验活动；围绕农村防灾减灾建设需要，针对农民进行了各种形式的科技培训；社区科普、热点科普以及影视科普、网络科普等科普新形态也得到广泛发展。

尤其是随着近些年来信息技术在气象科普工作中的应用，以应用新媒体技术为特征的新的科普资源（科普数字电视、科普网站、科普动漫、科普微博、科普微信、HTML5 技术等）不断丰富，基于互联网的网络科普不断活跃，极大拓展科普渠道[7]。

3.1 传统科普媒体的短板

传统科普借助书刊、杂志等平面媒体，利用诸如展览馆、宣传片、广播电视、录像等展览和声像传播，传统的传播途径具有直接、直观等优势，在过去曾经起到很好的科普效果。但在信息爆炸的今天，传统科普形式在多样性、活泼度、多元化等方面都不再具有竞争优势。新媒体在科普传播中所发挥的巨大作用和影响正在冲击着传统的科普方式和模式，也成为对传统科普传播方式的一种有力补充。

3.2 气象科普工作的新媒体尝试

在这样一个新媒体崛起的时代，科普传播的方式和途径都越来越多元化。这也让越来越多的人感受到新媒体的科普力量和魅力，带动全民整体科学素养的提高。

近年来，气象科普工作在努力打造科普工作业务化、常态化、社会化、品牌化的同时，也在不断尝试、探索新媒体运用。

3.2.1 传统杂志的融合发展

《气象知识》杂志，是我国唯一一本国内外公开发行的普及气象科学的期刊，始终坚持宣传普及气象知识。在新媒体快速发展的今天，《气象知识》杂志也积极开通官方微博。微博开通后，迅速成为传统杂志与公众互动沟通的新平台，及时了解网络关注的热点问题。针对社会关注的热点问题，通过官方微博，用生动形象的方式把气象科学知识传播给公众，便于公众理解、运用。官方微博的建立，不仅是传统杂志的有效延伸，并在网络上实现了与读者的良性互动，针对热点、难点问题，双方形成重要的真相发掘和讨论自发机制。传统杂志与新媒体运用，在不断探索、尝试中融合发展，传统杂志借助新媒体提升自身的时效性、互动性，为传统杂志的发展注入活力。

3.2.2 官方网站的渗透延伸

中国气象局网站是中国气象局的官方网站，在兼顾气象新闻宣传、政策解读、政务公开等方面的同时，也在积极做好气象服务、气象科学普及等工作。2014年初，中国气象局官方微博、微信、微视及客户端平台相继开通，逐渐形成"三微一端"的新媒体格局，其中中国气象局官方微博、微信由中国气象局网站负责维护运行。

在实践中，中国气象局官方微博、微信不断成长，从成立初期跟随社会关注发布科普知识图解、专家解读等内容，逐渐发展成为可以预判公众关注热点，事先设置话题，引导公众参与。2014年12月，中国气象局官方微博联合新浪微博共同设置话题"下半年最冷一天"，话题阅读量突破1.7亿，讨论量达到2.6万条，凭借此话题，中国气象局官方微博登上由人民日报发布的官方政务微博榜前三甲的位置。初步实现了新媒体对于传统网站科普作用的有效渗透和延伸。

3.2.3 科普产品的转化运用

气象科普工作的新媒体尝试、探索，不仅要靠新技术、新思想的创作，更要注重培养对既有科普产品的转化运用的能力。中国气象局历来重视气象科普工作的发展，产生了许多不同形式的科普作品，例如图书、挂图、动漫、短片、电影等等，我们应充分挖掘既有科普产品的利用价值。

2014年，气象宣传科普中心举办了全国首届大学生气象科普动漫创作大赛，最终产生动画、漫画、游戏等优秀作品27件。这些作品是符合当代青年人审美规律的，是公众较为容易接受的，新媒体气象科普工作应加强此类作品的转化运用。

3.3 新媒体环境下的科普工作变化

3.3.1 由单一到融合

新媒体强调内容融合，新媒体技术在传统媒体的基础上运用数字媒体技术对信息的传播加工以及新的诠释，将传统媒体单一表现形态的科学内容融合为图文音像为一体的动态内容，同时通过网络超链接和超文本的传输模式，由平面传播发展为立体传播。同时新媒体还表现为媒介融合，是新媒体与传统媒体的复合型组合，决定了科学传播的内容和形式的多样性。

通过中国气象局、《气象知识》杂志、中国天气网等官方新媒体的运行尝试，已初步将平面传播发展为立体传播，并充分认识到传统媒体与新媒体的融合发展必要性、可行性。气象科普工作将会加大研发力度，创新科普工作形式，掌握新媒体传播规律，更好地运用新媒体科普传播手段。

3.3.2 由大众到分众

美国未来学家阿尔温·托夫勒指出当代大众传播的一个发展趋势是："面向社会公众的信息传播渠道数量倍增，而新闻传播媒介的服务对象逐步从广泛的整体大众，分化为各具特殊兴趣和利益的群体。"[8]

随着新媒体技术的进步，为知识分类提供便捷。分众分类的思想来源于"社会性书签"服务，其原理是向科学传播参与者提供一种协同构建与共享各自科学知识资源标签的开放式平台，通过公众在网络媒体上制定分类标准和提交资源标签来实现[9]。

中国气象局在分众化传播方面正在不断创新工作方式，努力与新媒体运营机构加强联合。2015 年，中国气象局将会把气象预警信息与科普内容相融合，按地市划分受众区域，及时推送气象预警信息与科普内容，加强公众的气象防灾减灾意识，提高气象防灾减灾能力。

3.3.3 科学传播新主体

传统媒体主导下的科学传播，科学的话语权基本掌握在科学共同体和政府手中，缺乏与公众的科学沟通，社会公众作为被动接受者。而在新媒体环境中，网络技术使得公众个体、群体、组织机构等各种层次的主体都成为科学传播者，除了专业化和职业化的科学传播与普及者，数量众多的非职业群体，也逐渐加入到科学传播的队伍中，每个公众都可能是科学传播的主体。

例如公众使用微博的比例非常高，不仅能接收科学普及知识，也能将自己了解的知识领域变为观点进行传播。在新媒体平台上，已经出现诸如“中国气象爱好者”一类的诸多气象发布，在一定程度上，其对于新媒体的运用在目前已超过气象部门对于新媒体的把握和运用。这使得我们更应迅速学习新媒体的科普传播规律，加强新媒体的气象科普运用。

3.3.4 由封闭垄断传播到开放互动传播

传统科学传播主导权掌握在少数人手中，只有气象部门人士才能更好地理解和阐释科学内容，这是相对封闭的，门槛也较高，公众很难进入，但也保证了科学传播的权威性；科学传播内容的生产过程也是相对封闭和垄断的，科学传播内容由受过专业训练的人（科学共同体、科技记者等）完成，基本上排除了公众的参与。而新媒体环境下科学传播与普及具有开放性，首先只要具备相应的操作技术的人都可以参与科学传播，从理论上说，新媒体平台是对所有人开放的，所有主体拥有平等的传播权利，科学传播特权被消解。

同时新媒体环境中科学传播内容被生产出来以后，不是由少数人控制，而是由公众分享和互动，促进其知识学习和问题讨论的深度，也可以让内容生产者感受到胜任感和价值感，获得社会性报酬。

3.3.5 线上线下循环互动传播

新媒体的科学传播另外一个明显的特征就是线上线下循环互动，在新媒体作用下，现实中的很多科学传播活动似乎都可以“移植”到网络空间。传统科学传播，公众只能在线下与科学互动，线下受时空限制，互动效果差、互动规模小，难以形成良好的科学传播效果。而新媒体则将科学传播由物理空间转移到赛博空间，线上与线下交相呼应。公众在现实生活中遇到的科学现象，无法理解或阐释，则可以求助网络虚拟社群。“网上得来终觉浅，绝知此事要躬行。”同时可以将网络虚拟空间的科学知识运用到生活实践中，以提高对科学知识的理解与传播。

科学社会学家贝尔纳说：“如果不让公民在某些时间亲自参加科研工作，科学就永远不会真正普及起来。”[10] 人是知识技能的载体，通过亲身参与体验，促进科学技术知识的扩散与传递，加深公众对科学的理解。

4 新媒体环境下科普工作的问题及对策

4.1 新媒体环境下科普工作的问题

4.1.1 信息碎片化与表达情绪化

新媒体带给人们的不仅仅是信息接收方式的巨大变化，而且还有人们表达方式的变革。网站、微博、微信、搜索引擎、手机报等各种形式传播大量信息，为充分利用人们的碎片化时间，信息的呈现也碎片化，人们没有耐心看完一个较长的完整的文档，而是浮光掠影的浏览了大量信息却没有记住和理解多少东西。人们在表达上也有了更高的自由度，为了娱乐、缓解压力、释放不满、炒作等等，人们出于个人的目的和利益，将一些信息扩大和夸张，将一些信息可以屏蔽或避而不谈，使得表达的情绪化、偏激化特点明显，掩盖或歪曲了事实真相，各种错误观点或谣言泛滥，滋生了社会负面情绪，引发社会不安，如针对某次特大天气过程预报不准确、预报量级与实际不符等。

4.1.2 科学家参与兴趣低

在气象科技评价考核指标体系的导向下，科技界存在着重创新、轻科普，重科研、轻转化的倾向。各种科技评价、考核中主要考核科技论文、科研成果和专利数量，科技计划项目和科技人才项目评审也参照这方面的指标，从而导致科技人员不重视科普，不愿意从事科普，这从根本上制约了气象部门普及科学技术与创新科学技术的同步、协调发展。

一方面，希望气象部门将促进科学技术普及作为其重要责任，制定完善的科技政策(包含科普方面的具体规定)，明确科技计划、项目承担者从事科普的责任和义务。另一方面，完善气象科普从业人员的职称、待遇等切实问题，鼓励更多的年轻人参与到气象科普的工作团队中。

4.2 建议与对策

新媒体的发展为气象科普事业带来了良好的发展机遇和空间，但同时也给气象科普工作者提出了更大的挑战。这里从以下几个方面提出建议和对策。

4.2.1 加强新媒体管理

新媒体技术给气象科普传播带来了革命性的变革，这种形势下传统的监管模式暴露出诸多漏洞，产生诸多问题，应该加强对新媒体的管理。一方面，建立自上而下的监管机制，充分发挥国家级气象科普业务单位的宏观指导作用；另一方面，加强与网民的良性互动对话，让公众切实了解气象、理解气象，逐渐形成良好的网络互动交流环境，进而更好的运用新媒体发起气象相关的讨论话题。

4.2.2 研究制定鼓励新媒体气象科普的相关政策措施

新媒体气象科普作为新型气象科普方式，由于有着传统气象科普难以具有的优势和特点，已呈现出很强的生命力，极大地改变了气象科普格局，吸引了一大批受众，深受年轻人喜爱。新媒体气象科普增强了气象部门的科普能力，有助于提高气象科普效率，帮助公众认识气象、了解气象、理解气象，成为气象宣传科普工作的新途径。为此，国家级气象科普业务单位应加紧调查分析和研究，制定鼓励新媒体气象科普发展的政策，促进新媒体气象科普的广泛普及和大力应用，同时增强气象科普原创能力和创作人才队伍建设，尊重和保护知识产权，树立新媒体气象科普的良好社会形象。

4.2.3 启动新媒体气象科普试点示范工作

新媒体作为新出现的媒体形态，为科学传播提供了便捷、大容量、低成本的新渠道和途径。鉴于新媒体机构的专业节目创作、制作人员还较少，更多地还是转发或形式上的二次创作，与传统媒体一样也面临着优质科普资源匮乏的问题，为此，气象部门应该鼓励与新媒体运营机构、科普创作机构及人员进行合作，选择若干省（区、市）气象局作为试点，着力提高新媒体气象科普制作能力和水平，从而为全国新媒体气象科普做出示范。

4.2.4 加大气象科普传播创新的投资和激励

气象部门应该加大对气象科普传播创新的投资和激励，一方面通过多种途径加大科普的传播，如财政项目支持试点省份进行新媒体气象科普研发，设置科普传播重大重点工程项目，扶持并鼓励科普传播产业化；另一方面，还应重视对气象科普传播中做出突出贡献者的鼓励及奖励，突出科普传播人员在科学普及中的角色和地位，解决气象科普团队的职称问题，树立榜样的力量[11]。

参考文献

[1] 毕晓梅. 国外新媒体研究溯源[J]. 国外社会科学，2011(3)：114-118.

[2] 百度百科.新媒体[EB/OL].[2013-08-06]. http://baike.baidu.com/link? url.

[3] 石磊.新媒体概论[M].北京:中国传媒大学出版社,2009:1-5.

[4] 刘冰.新媒体变革——跨入人本传媒时代[J].传媒,2012(2):18-19.

[5] 科学技术部政策法规司.中国科普法律法规与政策汇编[M].北京:科学技术文献出版社,2013:3.

[6] 赵晓军,科普工作新载体新方法探讨[J].科普纵横 2014(4):33-35.

[7] 任福君,我国科普的新发展和需要深化研究的重要课题[J].科普研究 2011(5):8-17.

[8] 徐耀魁.西方新闻理论评析[M].北京:新华出版社,1998:79.

[9] 周荣庭,郑彬.分众分类:网络时代的新型信息分类法[J].现代图书情报技术,2006(3):72-75.

[10] 任福君,翟杰全.科技传播与普及概论[M].北京:中国科学技术出版社,2012:43,145.

[11] 尹章池,刘成路.论三网融合下的科普传播及其发展对策[J].东南传播,2011(6).

从舆情事件谈对气象科普工作的启示

董 青 胡 亚

（中国气象局气象宣传与科普中心，北京 100081）

摘要：本文选取4个有代表性的舆情事件进行分析，梳理舆情事件与科普工作的关系。从提升科普工作切入舆情事件的及时性，远近结合利用科普平息社会舆情，借助意见领袖的重要力量，充分发挥传统媒体与新媒体的不同优势四个方面提出提升科普工作效率的建议。

关键词：舆情　科普　媒体

1　从社会舆情事件分析舆情事件与科普工作的关系

1.1　科普在舆情事件中发挥重要作用——“世界末日”谣言事件

2012年，“世界末日”的话题成为网络、微博平台热议的焦点。尽管国内外许多权威机构，如美国NASA官方网站、中国科学院等，都已多次辟谣。然而，“2012年12月21日世界将会一片黑暗”，依然成为彼时互联网乃至生活中被人们谈论最多的话题之一。

商家推出各种“末日商品”，出版社推出“末日逃生手册”、旅行社推出“末日最佳逃生地”，甚至浙江义乌民间发明者“杨宗福”制作的“诺亚方舟”，标价150万到500万元的电影中虚构出来的逃生工具，也接受了数十个客户的预订。而广东、陕西、青海等地出现了邪教组织，他们蛊惑“只有信教才能得救”，向民众敛财。

不同的人群相信末日说有不同的心态，有的是盲目的跟风，有的是对现实的失落和焦虑，还有的是抱着娱人娱己的态度起哄。而商家推波助澜、渲染放大，犯罪分子借机生事、诈骗钱财，对个体和社会造成了危害。“世界末日”的谣言随着2012年12月22日太阳照常升起而逐渐消逝，留下问题给后人思考，为何这样一个荒诞的谣言产生如此巨大的影响。

美国学者奥尔伯特、波斯特曼及其后来的研究者曾提出一个关于谣言传播的假设公式：$R \approx I \times a/c$。其中，R(Rumor)指谣言的泛滥程度，I(importance)指传闻对传谣者的重要程度，a(ambiguity)指传闻的模棱度，c(critical ability)指公众对传闻的批判能力。[1]这个公式表明：谣言所传播的信息与公众的关系越密切，对在公众自身利益越重要，信息的不确定性越高，其传播的速度就越快；而公众的批判能力是抵制谣言泛滥的至关重要的因素，公众的素养越高，独立、理性的批判能力越强，谣言的泛滥程度就越低。要减少信息的模糊度，需要权威部门及时发声，公开信息，让谣言止于真相。要提升公众的批判能力，除了公众本身的媒介素养，更有赖于科普工作传播知识。在舆情事件中，科普类信息往往拥有强大的舆论引导力。从公众的角度，当公共突发事件爆发时，期待权威部门的专家学者针对当前的事件做出科学、令人信服的解释说明。人类本身怀有深刻的生存危机感，“末日说”的流传并不是第一次，比如“千禧年世纪末日”、“彗星撞地球”。不同时代的人们具有不同的社会心理，网络新技术带来新的传播方式，种种因素使得每一次“末日说”的传播特点不同。但归根结底，流言止于智者，当社会上多数人具备理性批判能力、具备科学素养，那些别有用心的声音就可以为群体的力量所压制。

1.2 舆情事件为科普工作带来新契机——当群体非理性行为爆发

2011年3月11日，日本东海岸发生9.0级地震，造成了福岛核电站发生泄露事故。16日开始，北京、浙江、江苏、广东等省份开始出现市民疯狂抢购食盐的情况。[2]“抢盐”事件中，引起人们抢盐行为的是两条信息：受核辐射影响，国内盐将出现短缺；吃含碘的食用盐可以防辐射。

17日，国家发改委发出紧急通知，要求各地立即开展市场检查，坚决打击造谣惑众、恶意囤积、哄抬价格、扰乱市场等不法行为。通知强调，我国食用盐等日用消费品库存充裕，供应完全有保障。中国盐业总公司当日也发布关于部分地区发生食盐抢购现象的声明，表示发生抢购的地区盐业公司都已经启动应急预案，启动国家和省级储备，实行24小时紧急配送。18日，各地盐价逐渐恢复正常,谣言告破。

这一场急速发展又迅速平息的抢盐风波,联系之前03年非典时期的抢口罩、抢板蓝根,不得不令人深思其原因。传播学对于集体行为有这样的解释:在强大的天灾人祸触发后,社会结构性压力显现,非常态的传播机制开始活跃,人们更倾向于相信来路不明的流言。[3]法国学者勒庞在《乌合之众:大众心理研究》一书中写道:"在感受到群体比个人强大的思维模式下,思想和情感因暗示和相互传染作用而转向同一个共同的方向,以及立刻把暗示的观念转化为行动的倾向,是组成群体的个人所表现出来的主要特点。"在"抢盐"事件中,当群体恐慌情绪被激发后,个体被这种情绪所控制,进而相互传递,并迅速转化为购买行动。群体具有冲动、服从和极端的特性,群体中的人们很难发挥个体理性,只剩下盲目跟从。在应对这样突发事件的时候,权威部门、专家学者、重要媒体需要集中发声,进行信息发布和舆论引导,才能消除谣言的负面影响。

《人民日报》刊发评论《应对抢盐谣言,我们需要普及科学常识》。每一次谣言破灭后的反思,我们都会认同,科学常识普及的作用。但科普之功在平时,一旦群体陷入非理性行为中,科学也无力阻挡强烈的情绪。事实上,舆情事件的产生往往出于公众的无知和非理性。无法获得准确信息的人们容易被流言所牵引,进而引发恐慌。理性认知是缓解恐慌的最佳方法。同时,人们对于舆情事件的记忆往往尤其深刻,借助于热点舆情事件开展科普工作可以有事半功倍的效果。

1.3 宣传科普相结合发挥最大效用

1.3.1 增进公众对工作的理解和认同——预报准确率事件

从气象部门的角度,"预报准确率是世界性难题"。中国气象局局长郑国光在新华网做在线访谈时指出,就目前的科技水平来说,实现百分之百准确预报一个天气过程,从理论上来说是不可能的。预报10天、20天以后的天气,要达到百分之百准确更是不可能的。央视气象播报员宋英杰被认为是"中国第一气象先生",但也是"世上最不靠谱的人"。天气对人们生活生产方方面面有着重要影响,大气科学发展的速度远远追不上人们对气象服务的需求。在短时间内难以大幅提升预报准确率的现状下,气象部门借助媒体的力量日渐赢得公众的理解。

中国气象局主动联系《人民日报》《经济日报》等中央媒体记者,联合针对首席预报员做个人专访。通过讲故事传真情,打造气象团队的良好形象。《人民日报》在2014年3月刊发走近天气预报员系列报道《天气预报为何会有偏差》

《"当预报员,挫折感很强"——中央气象台首席预报员马学款》,《经济日报》在2014年1月刊发报道《风霜雨雪总关情——记中央气象台天气预报员》,被新华网、中新网等媒体转载50余篇。2013年6月4日,中国气象局举办第二期"直击天气——与科学家聊'天'"活动,主题为"揭秘天气预报的准与不准",《人民日报》报道《天气预报:准确率追赶期望值》《天气预报员:"每次预报都像是高考"》《北京日报》报道《天气预报准不准 内外行理解存异》,《中国气象报》报道《大气科学专家称:数值预报无法取代气象预报员》《专家表示2030年我国数值模式有效预报时长有望延长两天》,中国天气网《与科学家聊"天":揭秘天气预报为何"不准"》。

在气象部门加大为公众科普气象预报制作过程以及气象预报员科技工作作用的影响下,舆情监测显示,近3年内,关于天气预报不准的新闻报道呈现下降的走势。(利用百度平台搜索)

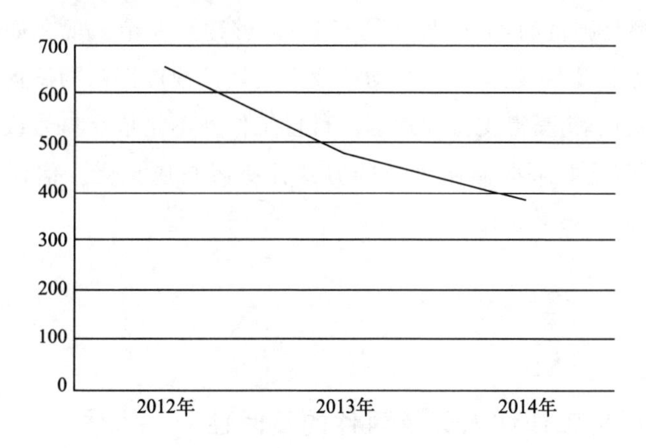

图1　2012至2014年天气预报不准的新闻报道走势图(单位:篇)

1.3.2　危机变机遇的科普——中国地震局微博发展

中国地震局经常处于舆论的风口浪尖,尤其是国家发生重大地震灾害的时候,总有声音在质疑,地震局到底应不应该存在。2014年两会期间,全国人大代表、广东国鼎律师事务所主任朱列玉提出《关于撤销国家地震局的建议》。[4]腾讯网制作专题,"撤销地震局"是不是个好建议[5],通过向网友提问你支持撤销地震局吗收集民意,最终得到13万余次投票,96%公众选择支持撤销。

一次地震给人们带来的灾害往往是猝不及防且损失惨重。无论政府还是公众对于地震预报的需求都非常强烈,而地震的预测恰恰是不可能实现的。

《人民日报》采访了日本、台湾和国内的专家，刊发报道《专家普遍认为地震无法准确预测 靠震前异象或致误报》。因此，长久以来，中国地震局的工作无法受到公众的理解。

中国地震台网中心是中国地震局直属事业单位，其新浪官方微博@中国地震台网速报 截至2014年12月，拥有粉丝475万余人。中国地震台网速报微博负责人也在新浪开通了认证微博，名为地震速报哥，截至2014年12月，拥有粉丝50万余人。借助新媒体工具，地震部门通过在网络上第一时间权威发布国内外最新地震消息、传播地震科普文章、与网友开展有奖互动活动等方式，一点一滴建立起公众的信任。

中国气象局气象宣传与科普中心请来这位"地震速报哥"侯建民交流经验，他提到，"一开始也有很多网友在中国地震台网速报的微博上或是私信的方式泄愤，但是作为我应该把这看成是个例，可能他是那天凑巧心情不好。要相信大多数网友都是善良的，通过长久的互动，能够建立友谊。现在如果有不理性的网友在微博上谩骂，还会有人主动替我们说话。"地震部门的微博通过与网友有感情的交流互动，赢得支持和理解。科普工作并不是依靠口号或是单纯科学知识的传播，而是要采取循循善诱的方式让听者自愿接受。信任和感情的建立，可以使传播效果最大化。

2 启示

2.1 提升科普工作切入舆情事件的及时性

新媒体时代，网络传播辐射广、传播快、影响大。如果想在舆论的漩涡中主动设置议程，把握住话语权，应及时关注事件的最新动态，不断刷新消息。由公式 $R \approx I \times a/c$ 可知，公众需要最新的信息，事件的真相，以及应对措施等与自身休戚相关的事实。

勒庞对于"群体的想象力"有这样的描述，"影响群众想象力的，并非事实本身，而是它们发生以及引起注意的方式"[6]。当真相的声音占据了话语地位，公众就不会仅靠幻觉构建出现实。按照德国学者诺依曼提出的"沉默的螺旋"效应，优势声音会使得劣势意见趋于压力转向沉默或附和，刷新最快的信息将在互联网上信息的漩涡中引导舆论。

2.2 远近结合利用科普平息社会舆情

从“世界末日”、“抢盐”、“预报准确率”和“地震局微博”这几个事件来看，当舆情事件演变为群体事件的时候，专家的现身说法起到权威辟谣的作用；而在长期与公众打交道的过程中，润物细无声地开展科普工作，让公众自动抵御谣言的攻击。因此，短期的科普工作给舆情危机“扑火”，长期的科普工作为舆情事件“打预防针”。“罗马不是一天建立起来的”，科学知识的积累、科学素养的提升、科学精神的形成并非一朝一夕。筑建抵御谣言的防火墙，要靠宣传科普工作者在日复一日的工作中添砖加瓦。

2.3 科普工作需借助意见领袖的重要力量

舆论场中的意见领袖分为“单一型”和“综合型”，“单一型”指某领域专家，“综合型”指据社会声望的公众人士。在舆情事件爆发的时候，“单一型”意见领袖应该成为科普工作的重要力量。在平时多注重培养有亲和力的专家成为为公众所接受的意见领袖，在舆情事件来临时将起到舆论引导、化解危机的作用。

比如北京市气象局的新浪官方微博@气象北京，和北京市气象台长的官方微博@气象桥在重大天气过程来临时经常互动，相互配合为公众预报天气实况、解析天气成因，起到了良好的传播效果。

2.4 充分发挥传统媒体与新媒体的不同优势

物各有所用，用之各有宜。每一种媒介都有自身的优势与劣势，它也会将这些强加在所携带的讯息上。普利策新闻奖得主杰克·富勒认为，新媒介通常并不会消灭旧媒介，他们只是将旧媒介推到它们具有相对优势的领域。新媒体打破时间和空间的限制，在事件发生的时候能迅速扩散消息，中国地震台网官微总能在第一时间将地震监测结果广播式辐射给受众。同时，传统媒体在其权威性和专业性上仍具有不可替代的作用。《人民日报》的“求证”专栏，就是利用传统媒体在资源和专业上优势，当具有争议性的热点事件发生后，深入调查、跟踪报道，真正起到“辟谣”的作用。

参考文献

[1] 王灿发.突发公共事件的谣言传播模式建构及消解[J].现代传播，2010(06).

[2] 黄庆畅，张洋. 近年来在社会上产生严重后果的十起网络谣言案例[N]. 人民日报，2012-04-16.

[3] 郭庆光. 传播学教程[M]. 北京：中国人民大学出版社，1999.

[4] 刘茸. 人大代表建议撤销地震局 正反方网友激辩“留不留”[N/OL]. 人民网，2014-03-05. http://lianghui.people.com.cn/2014npc/n/2014/0304/c376088-24528087.html.

[5] 勒庞 G. 乌合之众[M]. 北京：新世界出版社，2010.

如何做好互联网气象科普

卫晓莉

（北京市海淀区中关村南大街46号，北京 100081）

摘要：互联网气象科普是依托互联网，同时又是在传统科普基础上发展起来的气象科普传播形式。在步入信息化时代的今天，互联网气象科普已经成为气象科普工作、科普活动的重要阵地。本文阐述了互联网气象科普的发展、现状及特点，同时结合中国气象局面向公众的官方网站中国天气网的实践，对如何做好互联网气象科普传播提出几点思考。

关键词：气象科普　互联网　中国天气网

引言

传统的气象科普工作主要通过气象科普图书、报纸、展览或讲座、活动等形式开展，近年来，随着网络信息技术的迅猛发展，互联网成为公众获取信息和知识的重要渠道。所谓互联网科普，就是以向广大公众普及科学知识、传播科学思想、弘扬科学精神、倡导科学方法为目的，将数字化的科普资源通过互联网进行传播的一种新型的科普形式。也就是说，它的内容是数字化的，它的作用是普及科学技术，它的传播途径是通过互联网。作为科普内容的一个分支，气象科普也逐渐由传统科普形式走向互联网气象科普，网络逐渐开始成为气象科普宣传的重要阵地。

1 互联网气象科普的发展及现状

互联网气象科普的发展与互联网科普的发展密不可分。目前业界通常将1995年开通的《北京科技报》网络版作为我国互联网科普的开端。近二十年来，互联网科普蓬勃发展，科普网站大量兴起，主要包括各级科协、科普场馆及个人主办的网站，其中以2009年创办的果壳网最为有名。此外，一些综合性网站也纷纷开设科普版块，如新华网科技频道、人民网科技频道、新浪网科学探索频道等。

互联网气象科普最初作为互联网科普内容的一部分在网络上呈现。在一些气象灾害、重要节气发生时，科普网站会将关注点转向气象科普，在互联网上传播一些相关的气象科普知识，但是，这种气象科普一般内容零散，缺乏系统性，不成体系，有时为追求轰动效应和眼球效应，也会出现科普内容缺乏科学性和严谨性。

21世纪初，气象部门开始通过互联网提供气象服务信息，气象科普知识往往也作为气象服务网站的内容之一，通过网站对外进行传播。这些气象科普知识的来源一般来自各气象部门的传统气象科普资源，如百科全书、气象科普图书、杂志、气象行业标准等，内容权威可靠，解读的科学性也非常有保障，但基本以文字为主，趣味性不强。2008年之后，随着气象服务网站的兴起，互联网气象科普也逐渐蓬勃发展，主要包括两类：

一是大型气象科普网站和气象服务网站的科普频道，这是互联网气象科普的主力军。主要由中国气象局相关单位创办和维护。特点是系统性强，网站规模较大，气象科普内容较为丰富。

中国气象科普网(www. qxkp. net)是中国气象局气象科普的官方网站，由中国气象局气象宣传与科普中心和安徽省气象局承办，2007年正式开通运行，2013年8月全新改版上线。中国气象科普网围绕“气象科普服务百姓生活”的主题，主要面向公众提供气全面的气象知识普及信息。

中国天气网科普频道(www. weather. com. cn)。中国天气网是中国气象局面向公众的门户网站，2008年上线后，气象科普宣传一直是其重要使命之一。中国天气网设有科普频道，其科普的特色是科普与气象新闻、社会热点紧密结合。

中国气象网气象科普园地(www. cma. gov. cn)是中国气象局官方网站的科普频道,它是以气象科普宣传、科技成果展示、互动交流等多功能于一体的综合性网络平台,从多个角度展现气象科普知识。

校园气象网(www. xyqx. org. cn)是第一个国家级“校园气象站”专项网站,由中国气象局气象宣传与科普中心《气象知识》编辑部创建管理。该网站突出校园特色,全面反映现有“校园气象站”的生动实践,并为广大师生提供专家与资源支持。

二是地方气象科普服务网站和科普频道。随着互联网技术的发展和普及,各省气象局也基本都开办了地方气象服务网站,在向公众提供本地气象预报服务信息的同时,一般也会在网站上设立科普频道或科普版块,个别实力较强的省局还会开办专门的科普网站,如北京气象科普网(www. bjqxkpg. com. cn)就是由北京市气象台建立的科普服务网站。这类网站(或频道)数量众多,在一些技术发达的地市级气象服务网站上也一般会有科普版块。此外,科普形式多样,有的突出视频,有的突出互动问答,但与第一类相比,网站的体量和气象科普内容都较为单薄。

2　互联网气象科普的特点

2.1　时效性和动态性

互联网在信息传播方面具有远超于其他媒体的及时性,这也要求互联网气象科普信息必须具备时效性,公众需要什么,气象科普工作者就要迅速提供这方面的科学知识,否则,科普的传播效果将大打折扣。近年来,随着极端气象事件的增多,人们对于气象灾害事件的关注度非常高,但是对于灾害的防御知识并不了解,因此,在气象灾害发生时,根据公众关注热点开展防灾减灾气象科普就尤为重要。

另外,互联网气象科普永远是动态的、与时俱进的,而不能是停滞的、凝固的,这也是它与传统的气象科普之间的一大区别。传统的图书、报刊、电影、电视,一旦发行或播出,更改起来非常困难,且受制于出版周期,不能做好及时跟进。互联网则不存在这个问题,互联网上所有的页面、作品都可以而且必须经常修改、更新和补充。

2.2 多媒体方式

具有多媒体表达方式是互联网气象科普的第二个特点，它使互联网科普作品能够实现各种传播形式的“兼容并包”，包括文字、图片、音频、视频和动画媒体等多种传播手段，与传统科普作品相比，表现更加丰富。采用多媒体方式进行气象科普，不仅使受众有了更多的选择，而且对于气象科学普及和传播而言，有助于激发受众的兴趣，加深受众对于气象科普内容的理解，生动、形象、直观地把科普知识传输给公众。

2.3 参与性与互动性

互联网气象科普与电子出版物最大的不同就在于它能够随时与网民进行交流和沟通，实现互动，这也是任何其他媒体都不具备的独特优势。传统的气象科普往往以灌输和教育为目标，忽视“读者”的存在，基本上采用以创作者主观意志为主的创作方式。而网络则不同，用户的阅读自由度大，选择自主性强，并且可以通过评论、留言等多种形式参与互动。因此，“以用户为核心”是互联网气象科普作品创作的基本原则，在内容和产品的设计上，应当更多的考虑用户的互动和参与。

3 网络气象科普存在的问题

3.1 内容原创性不足

我国互联网气象科普存在原创内容较少、重复使用、特色不明显的问题。数据庞大、更新迅速是互联网信息传播的一大特点，这就要求互联网气象科普知识的传播应该是动态的，内容要不断更新，要使网民经常有新鲜感，但是实际上，发表原创作品少、信息更新慢是普遍存在的问题。一些气象服务网站除了工作动态、科普活动报道外，大部分内容都是转载其他网站、期刊、图书，而且内容也雷同，自己的原创作品非常少。

近年来，随着公共气象服务事业的发展，专业的气象信息传播和气象科普服务队伍逐步形成。2008 年，中国气象局公共气象服务中心成立，气象科普宣传是其主要职能之一；2012 年 8 月，中国气象局气象宣传与科普中心正式成立，原公共气象服务中心科普宣传室职能与人员整体划转宣传与科普中心，其使命中有一条是“研发体现时代性、把握规律性、富于创造性和科学通俗性的气象宣传与科普精品”。该机构的成立意味着在国家级气象部门拥有了一支气象科普工作者队伍，极大地推动了互联网气象科普原创能力的提升。在互联网气象科普中，涌现出了一批优秀的原创作品，尤其随着微博微信的发展，一些针对移动互联网开发出的气象科普内容受到公众关注。虽然气象科普创作取得很大的成绩，但也要看到，简单的模仿，题材的重复，形式的单调，在气象科普中还普遍存在，内容的原创性仍需加强。

3.2 科普宣传方式陈旧，技术更新慢

目前互联网气象科普内容的表现形式依然主要是文字和图片，虽然一些气象科普平台也推出了 Flash 动画、视频等新形式气象科普内容，但无论是从数量还是质量上看，都还仅仅处于起步阶段。如果将网页的复杂程度、信息量和图片数量进行对比，就可以发现，许多大型门户网站、优秀科普网站的技术水平要远高于气象服务网站。以中国天气网为例，随着技术水平的提高，其科普内容也由单纯的文字、图片向 Flash 产品发展，针对二十余种气象灾害开发了系列 Flash 动画，但制作周期长、数量少，整体动画水平也很难与社会上一些专业化公司相比。

另外，很多优秀科普网站推出的虚拟博物馆、数字科技馆、游戏、试验等，颇受欢迎，尤其是网络科普游戏，通过精美的画面、逼真的场景，创造游戏化的学习环境，并通过设定一定的激励机制，使受众有不断“玩下去”的动力和兴趣，在娱乐的状态下不知不觉接受科普信息的渗透。但受制于技术条件，互联网气象科普中很少应用。

在互联网技术高速发展的今天，公众对于气象科普的内容和表现形式越来越挑剔，而目前我国绝大多数气象服务网站都是直接借用通用型的网站发布系统进行科普知识的发布，缺乏自主开发程序的能力。技术含量低一方面妨碍了气象科普作品的趣味性和感染力，另一方面，在与网民的互动、网民之间的互动等方面都明显不足，影响了公众对科普的参与。

4 如何做好网络气象科普(以中国天气网为例)

中国天气网是中国气象局面向公众的门户网站,向公众普及气象科普知识是其重要职能之一。从2008年正式上线运行开始,中国天气网在如何做好互联网气象科普方面就一直在不断探索和尝试,也取得了一些经验。

4.1 围绕新闻做好气象科普

对于气象相关的具有重要影响力的社会热点或突发事件,公众的关注度高,希望在第一时间了解和掌握更多与此相关的信息,这也为气象科普提供了"鲜活"的素材和契机,因此,围绕新闻热点做科普是气象科普信息传播的有效途径。中国天气网围绕新闻做科普,以气象新闻事件为契机,及时组织科普内容,设置相关专题,提供内容丰富、科学严谨、形式多样的信息,传播效果明显。

2009年6月,5名游客爬箭扣野长城时遭遇雷击,其中一对夫妇当场身亡,女方为北大在读博士,该条新闻迅速引起公众对防雷知识的关注,中国天气网推出的防雷气象科普在很短的时间内被大量浏览和转载。近几年,雾霾天气严重,在大范围雾霾天气侵袭时,人们往往格外关注雾霾的科普知识及防护知识,中国天气网配合雾霾预警预报新闻,加强气象科普力度,组织全方位科普内容,如:雾霾的形成、雾霾天戴什么口罩、雾霾生活注意事项等。根据浏览量分析统计,在气象新闻事件发生期间推出的相关科普内容,其浏览量远高于常规科普。

4.2 增强气象科普的原创能力

中国天气网非常注重增强原创气象科普内容、打造气象科普原创品牌栏目。2010年,推出《天气视点》栏目,邀请专家对热点气象新闻进行解读,其中融入大量的新鲜气象科普内容,如《"蛟龙"入海7000米 天气缘何两度牵绊》《雾霾与空气污染 究竟谁"捧杀"了谁?》等,通过对专家的采访,获取第一手的气象科普内容,取得非常好的传播效果;2013年,为适应读图时代的需求,天气网推出《图解天气》气象科普栏目,创新气象科普形式,以生动活泼的图形来讲述和表现科普内容,一经推出就受到公众关注,如《为何大风天里会更冷?》《北京初雪的自白》等,在微博微信上都获得大量的转载。

2014年5月,中国天气网推出新的科普品牌栏目《数据帝扒天气》,将社会关注的热点与气象数据挖掘相结合，有观点有立场，语言极富网络化特色，每周推出一期，每期都在社会上引起一定的反响。这个品牌栏目的背后其实是一支气象科普团队，团队中包括涉猎广泛的气象服务人员和思维活跃的网站编辑及美工人员。优秀的气象科普内容必须要有专业的团队来支撑和维护，建立这样的团队是增强气象科普原创能力的根本。

4.3 合作推广拓展气象科普的传播面

有了优秀的原创内容，再加以适度的推广，可以让气象科普的传播面更广。中国天气网在气象科普内容的合作推广上也下了很多功夫。天气网与新华网、人民网、新浪、腾讯、凤凰等十余家大型网站建立了长期的内容合作推广机制，好的气象科普内容会向各大网站推荐转载。除了转载和推介之外，还与一些网站建立了栏目整体推荐的合作关系，如《数据帝扒天气》栏目与国内知名科普网站果壳网就建立了内容共享机制，每期科普文章都会在果壳网的科学频道首页推荐。随着影响力的逐渐扩大，一些网站、传统媒体主动与天气网联系，希望寻求合作，《北京日报》就多次联系天气网，希望在报纸上刊登《数据帝扒天气》的内容。

除了网站的合作推广，中国天气网也非常注重新媒体领域的开拓，开设微博、微信，通过和网友的互动，积攒了大量的粉丝，并在这个平台上推介网站优秀的气象科普内容。对于个别品牌栏目，开设栏目专属微信公众账号，并与网友保持互动，从网友处也可以获取一些新鲜的素材和选题。

参考文献

[1] 张小林. 互联网科普理论探究[M]. 北京：中国科学技术出版社，2011.
[2] 李志明. 科普的社会责任与实现途径创新研究[J]. 科普研究，2013，**8**(1)：13-17.

移动终端全媒体互动直播
——论气象科普产品的新媒体运作

刘 琳 赵 丽 杨笑雯

（中国气象报社，北京 100081）

摘要：本文阐述了在新媒体时代，运用搜狐新闻客户端直播平台，以灵活多变的形式进行全媒体互动直播，传播气象信息及科普知识，实现重大天气事件的第一时间权威解读，给网友最生动、最直观、最有效、最亲切的气象科普知识讲解，提高公众防灾减灾的意识，展示基于新媒体的政务信息发布和与公众互动交流新渠道。

随着3G时代的来临，手机媒体与互联网一起，以攻城略地的气势蚕食着传统媒体的天下，形成一种令人惊吓的“新媒体现象”。

所谓的新媒体是指新的技术支撑体系下出现的媒体形态，如数字杂志、数字报纸、数字广播、手机短信、移动电视、网络、桌面视窗、数字电视、数字电影、触摸媒体等。相对于报刊、户外、广播、电视四大传统意义上的媒体，新媒体被形象地称为“第五媒体”。

新媒体的出现对于传统媒体来说具有相当大的冲击，传统媒体也在适时调整思路，同步发展。据中国互联网络信息中心的调查，“到2009年12月，中国的青少年网民已经接近2亿。仅去年一年，就新增青少年网民2800万，而青少年网民使用手机上网的比例为74%，超过同期全国网民60.8%的水平，而青少年网民使用台式机上网的比例降至69.7%。手机超过台式机首次成为中国青少年第一位的上网工具”。这对于传统媒体来说无疑是一种压力。

从上世纪末开始，随着网络、无线等技术的发展，人类从此步入了一个基于网络、无线移动传播等新技术为平台，以个人化、网络化和全球化传播为特征的新的传播时代——新媒体时代。在这个新技术发展一日千里的时代，继博客、播客之后，微博、微信、WAP站、客户端等新群体蜂拥而至，手机、无线多媒体、网络视频等新媒介异军突起，给传统媒体带来冲击，也带来机遇。在这个充满机遇和挑战的大数据环境里，信息传播的渠道越来越宽，涉及面越来越广。美国《连线》杂志对新媒体的定义："所有人对所有人的传播。"我们的气象科普信息的传播方式也正面向大众，通过这个平台，走向信息化大时代的前端。

1 相关背景

与传统媒体相比，新媒体模糊了传播者和受众的界限，每个参与者既是受众也是传播者，既是传播者也是受众；新媒体下的传播反馈机制是参与者之间的循环互动；新媒体还避免了单向的舆论意见。信息通过文字、语音、音乐、图片、影像等形式，共同形成的产品和服务是史无前例的。信息传播路径是对话式的，是双向甚至多向传播的，即传播者与受众具有高度的互动特性，甚至传受两者之间身份也会在特定的时刻进行对调，这就更加符合了当今网络信息时代的特征，有助于气象科普信息对大众的广泛传播。

2014年7月23日，搜狐新闻客户端正式发布政务平台，面向各级政府单位全面开放，这是继微博、微信之后，首家支持政务信息发布的新闻客户端平台。搜狐新闻客户端政务平台不仅为政务账号开通了多媒体信息发布和管理、消息管理、数据统计分析等众多功能，更开通了重要重大信息快讯推送、政务直播间等特色服务。自从2013年12月搜狐新闻客户端政务平台开始尝试运营以来，已经先后有10家中央部委级单位正式入驻搜狐新闻客户端，中国气象局也位列其中，并于4月4日率先尝试在政务直播间开展气象直播服务，将气象科普、气象信息通过新媒体平台公开化、透明化地传达给公众，并与公众进行互动交流。

2 产品形态

2.1 搜狐新闻客户端概况

中国气象局政务账号是继最高人民法院、国资委、国家卫生计生委之后入驻搜狐新闻客户端政务账号的第 4 家国家级政府机关单位。（截止到 2014 年 11 月，用户数达 92 万，在政府机关单位里排第二位。）

中国气象局作为国家政府机构，通过开通新闻客户端官方平台，建立了一条普通网友与政府新的交流渠道，对推进政府信息公开，回应公众互动交流等，都起到了非常重要的作用。新闻客户端类产品作为政务信息发布平台更具优势，拥有视频、音频、图文、直播等形态，展现形式也更加灵活多样。

与此同时，搜狐新闻客户端的个性化特色服务也是重点打造的直播间功能，非常具有移动互联网特色。通过视频、音频、图文的全媒体形态的直播，生动的将现场还原，主播与网友可边看边聊，也更好的提高了用户粘度及活跃度。尤其是在重大新闻事件发生时，搜狐新闻客户端直播间的媒体属性将彻底释放，任何一个在新闻现场的网友均可成为新闻主播，为网友带来第一手的新闻目击现场，打破了传统直播的局限，真正意义地诠释了新媒体互动的“移动属性”。

2.2 气象科普特色产品:政务直播间

2.2.1 直播间综述

图 1 中国气象局政务直播现场一访谈室

2014 年 4 月 4 日，中国气象局政务直播间进行首次直播。当时，正值南方刚刚遭遇一次大的强对流天气过程，多地出现鸭蛋大小的冰雹，于是就抓住时机，从用户关注的该热点事件出发，策划进行了此次关于冰雹科普的直播，特别邀请了中国气象局气象专家，正研级高级工程师朱定真作为嘉宾与网友针对冰雹话题与网友进行科普宣传及互动交流，直播期间在线参与人数达 11 万余人。随后，中国气象局政务直播间针对科普、生活、事件话题等分别制定了不同类别的专题。其中，将以朱定真为特邀嘉宾给网友普及气象科普知识、解读当季天气、气候特点的《定真科普》和以联播天气预报主持人冯殊为特邀嘉宾跟网友分享天气趣事、探讨天气生活轻松话题的《冯殊聊“天”儿》作为固定专栏类节目。

随着汛期的来临，天气突变、灾害频发，政务直播间更是发挥起了气象科普宣传的作用。配合中国气象局新闻发布会、“5·12”防灾减灾日、IPCC ARC 北京宣讲会、科技周、青奥会、“绿镜头·发现中国”等专题事件及北京暴雨、雷电、高温、台风、地质灾害等突发天气事件，及时周密策划，精心制作，在实践中尝试、在尝试中成长，完美打造了一期又一期不同风格、不同种类的直播，并与网友营造了较好的互动效果，嘉宾和主持人也在网友间形成了一个小小的粉丝群体。

2.2.2 直播形态一览

直播形式：主持人语音＋专家语音/直播后台背景资料及图片录入/现场照片拍摄发布/会场现场录音剪辑发布/直播期间现场视频摄制

直播地点：直播访谈室/会议现场/中央气象台会商室/户外

直播参与人员基础配备：前期策划 1～2 名/美工设计 1 名/特约嘉宾 1 至若干名不等（根据实际情况而定）/主持人 1 名/现场后台操作 1～2 名/摄影摄像 1～2 名。

直播前期内容策划流程及筹备：

（1）确定直播内容：针对当季气候、天气事件、重大纪念日等当面的内容拟定直播主题；

（2）邀请相关嘉宾：根据直播主题，邀请该领域的专家、学者。前期沟通协调，商定时间、地点和具体访谈内容方向，介绍直播操作方法。

（3）直播稿件制作：直播稿内容包括直播类型、直播间名称、直播时间、主播、嘉宾、焦点图、节目预告、嘉宾介绍、开场解说词、结束语、内容背景思路及相关图文资料。

(4)直播器材准备:现场无线 Wi－Fi 网络覆盖、笔记本电脑、摄像机、三脚架、话筒、手机。

直播后期网友互动及效果监测:

(1)网友互动交流;

(2)奖品发放回馈;

(3)直播参与人数最终核定;

2.2.3 特色直播案例

2014年“5·12防灾减灾日”邀请政策法规司副司长王月宾讲解防雷科普

图2 直播工作照

案例1:2014年5月12日 15:00～16:00“5·12防灾减灾日特别策划—防雷在身边”;场地:中国气象报社访谈室;嘉宾:王月宾;在线参与人数:37万。

特色:网友关注度高,互动踊跃,提问经典。

该期直播结合“5·12防灾减灾日”进行,特别邀请中国气象局法规司副司长、高级工程师王月宾,针对防雷科普类知识进行深度解读。访谈内容涉及面宽泛,专家不仅谈到雷电特点、雷电活动、雷击现象、雷击重灾区等方面的科普知识,还谈到了预防雷击事件的方法,老百姓对雷电预警信号的理解,平时遇见身边的雷击事件如何处理等方面的日常防雷应急措施。直播期间，网友互动参与踊跃，并提出了很多有意思的问题。如："男人和女人哪个更容易被雷电击中?"专家在节目过程中也饶有兴致地与网友一一互动，现场气氛活跃，后因网友热情度高涨将直播延至一个半小时，现场在线及参与人数高达 37 万。

此次直播，是自直播间启动以来，从气象科普宣传度、专家参与度、网友活跃度来看最成功的一次直播案例。

案例 2：2014 年 7 月 23 日 14:30—17:00 "直击'麦德姆'"；场地：中央气象台会商室；嘉宾：中央气象台台风首席预报员；在线参与人数：44 万。

特色：直播与"台风"并行，台风不登，直播不停。

7 月 23 日上午，直播团队接到了台风"麦德姆"即将于下午登陆的消息，立即调整当天时长一小时的直播方案，决定尝试"与台风并驾齐驱"，让直播跟随台风的步伐，台风不登，直播不停。该期直播与往期不同，由于时间紧，不确定性因素多，现场决定尝试分路直播。4 个编辑人员分两路工作，一路在中央气象台会商室直播天气会商，现场录制会商中的台风最新情况，并采访首席预报员及回答网友提问；一路在办公室配发文字图片，形成语音、图片、文字穿插进行。为保证首席预报员对台风的最新进展情况分析，能够完整的传递给网友，编辑要手持两部手机，轮换录音，有序连接，这也是直播进行中第一次尝试用这种方式采集语音。

台风"麦德姆"波及范围较大，网友密切关注，有 100 多位网友参与互动，询问台风动向及当地天气状况，于是编辑在直播中发动台风登陆地点的网友拍摄天气实况照片，又一次获得了不错的效果。网友主动上传分享照片，也成为了此次直播的又一个收获。

根据中央气象台逐小时更新的台风路径，在直播过程中，尝试了滚动发布台风最新动态，滚动介绍科普知识，为网友查询当地未来三天天气预报等服务，获得很好的效果。

此次直播时间紧、尝试多、路子新，在探索中形成一套重大天气事件直播与网友互动的流程方式。

案例 3：2014 年 8 月 16 日 10:00—11:30 "'绿镜头·发现中国'：魅力黑龙江——走近扎龙湿地 寻找丹顶鹤"；场地：黑龙江扎龙湿地自然保护区；嘉宾：孙砺石；在线参与人数：19 万。

特色：直播现场移至户外，直播室首次走向青山绿水间。

为结合中国气象报社和宣传科普中心共同主办的“绿镜头·发现中国”系列采访活动，这一期的直播跟随采访团队一起，将场地移至了黑龙江扎龙湿地自然保护区，在当地现场邀请到了黑龙江省齐齐哈尔市气象局总工程师孙砳石作为嘉宾，身处大自然之间给网友介绍大美扎龙，宣传湿地的保护及与网友互动。户外直播的不确定性非常多，时间、场地、环境、网络等等在直播中都是可能发生问题的环节，分路直播的经验再次在此次直播中体现。黑龙江直播现场的编辑负责专家录音、网友互动及现场画面的拍摄回传；北京直播现场的编辑配发文字图片，再次形成了异地操作的语音、图片、文字三位一体直播形式。

图 3　直播焦点图

由于直播时间在周六上午，前期大家一直对参与人数表示担忧，因为根据以往直播经验，这个时间段的参与人数并不会很乐观，但出乎意料的是，此次直播却收到了广大网友的青睐，现场在线人数一路飙升，最多高达 19 万余人，并有网友在直播期间大赞：“户外直播！酷！”

此次直播抛开了以往相对沉闷的“访谈室”“会议室”，让直播间“走出去”，结合“绿镜头”的主题，让网友亲身体验了一把“绿”在身边的感觉，同时也为直播间的“推陈出新式”的尝试又增添了全新的一笔。

3 产品意义

(1)新渠道,新方式。政务直播间是基于新媒体的政务信息发布和与公众互动交流新渠道,它的存在能够增加气象部门公众服务的透明度,提升气象部门的公信力。

(2)形式灵活、“接地气”。以政务直播间这种全新的形式进行气象科普宣传,更有针对性,更生动,更有效,能让网友感受到一对一的科普和服务效果,令气象科普宣传工作更全面、到位。

(3)细致科普,深入解读。通过直播,可以请专家对未发生的灾害类天气进行预防知识科普,也可以对已发生的重大灾害天气事件进行深入解读,全面迎合了网友希望第一时间获得未知领域问题解答及了解事件动态的关注心理。

(4)专家亲临,真实互动。直播中,气象专家、天气预报员等各领域权威人士走到网友面前,讲科普谈天气,亲自与网友进行面对面互动。这样的全新形式更加拉近了政务部门与网友之间的距离,宣传效果更好。

4 产品效益

(1)社会效益——传播正能量。政务直播间是根据当时人们关注的天气热点话题或事件进行的,更及时有效的进行气象科普宣传,提高公众防灾减灾的意识。

(2)经济效益——一举两得。一场数十万人在线的直播相当于一个都市报的发行量。政务直播间的科普宣传其潜在能量是巨大的,在气象科普宣传的同时,它还能够带来巨大的广告附加收益。目前,虽正处在初期探索阶段,但已初见苗头。相信,随着今后直播的日渐成熟,它所能发挥出来的附加效益将逐步凸现出来。

参考文献

[1]《美国连线》杂志,创刊于1993年,隶属于康泰纳仕集团.

[2] 李广新. 新媒体的发展趋势与思考[J]. 网友世界,2009(20):2-3.

逆境求生

——科普期刊《气象知识》近年来探索实践的启示

邵俊年[1)]　武蓓蓓[2)]

(1.气象出版社,北京 100081;2.北京师范大学文学院,北京 100875)

摘要:在网络、新媒体快速发展以及文化体制改革的新形势下,科普期刊普遍感到困难重重。气象科普期刊《气象知识》面对挑战,科学研判科普期刊发展形势,在市场调研的基础上、在传播学理论指导下,主动优化调整定位、精心策划专题、加强发行推广、建设人才队伍,实现了发行量由不足4千份到6万份的飞跃,有效扩大了科普覆盖面。

关键词:科普期刊　定位　专题　发行　人才队伍

《全民科学素质行动计划纲要(2006—2010—2020)》中明确提出,要加大各类媒体的科技传播力度。其中,各类科普出版物的发行量应大幅度增加[1]。科普期刊是科普出版物的重要类型之一,"承担着普及科学知识,传播科学精神、科学思想和科学方法的责任,是提高全民科学素质的一块重要阵地。"[2]《气象知识》是唯一一本国内外公开发行的气象科普期刊,承担着普及气象科学知识与科学方法的重要责任。但是,在2008年以前,《气象知识》只有不到4千的订阅量,主要依靠财政拨款艰难维持。这种困境是国内大部分科普期刊共同面对的问题。为了走出困境,在提高全民科学素质的行动中切实发挥气象科普期刊的作用,2009年起《气象知识》主动优化调整定位、加强专题策划、拓宽自办发行

* 本文发表于《科技与出版》,2014年第5期,124-127。

渠道与创新采编审队伍建设。经过一系列的探索实践,杂志发行量于 2010 年达到 6 万份,科普覆盖面与影响力均显著提升。

1 优化调整定位

期刊“是优质内容的生产者,即为目标读者服务的一个资讯提供商。”[3] 期刊定位,解决的是“谁是目标读者”,即“满足哪类读者阅读需求”的问题。随着社会的发展,读者的需求越来越多样化、个性化。因此,媒体势必要从“广播”走向“窄播”,从满足“大众”的需求走向满足“分众”的需求。期刊只有准确定位,贴近目标分众办刊,才能取得较好的传播效果。也只有刊物找准了自己的定位,编辑部工作人员在工作中才能明确方向。准确地进行市场定位必须首先发现存在需求空间的目标市场,其次要确定这个市场中的竞争结构尚未恶化。[4]

2008 年以前,《气象知识》的定位是“面向初中以上文化程度的读者”,受众面定位极广。2009 年,期刊定位调整时,编辑部通过市场调研发现,主要有两类人群与一个活动对气象科学知识的需求比较强烈。两类人群是“气象信息员”与中小学生,一个活动是“世界气象日”。“气象信息员”是一支协助气象部门做好气象防灾减灾、气象科普、气象设施维护等工作的志愿者队伍。截至 2014 年 1 月,我国有气象信息员 60 余万人,村屯覆盖率超过 90%。气象信息员都是兼职的志愿者,而不是专业气象人员,因此在实际工作中亟需学习气象科学知识。可是,由于工作等原因,他们又不可能长时间专职学习气象,因此有一本通俗易懂、贴近气象信息员工作实际的科普刊物,就成为他们的迫切需要。“世界气象日”是世界气象组织设立的纪念日,时间是每年的 3 月 23 日。每年世界气象日时,全国气象部门都会举办气象科普活动,以广泛宣传气象工作与气象科学。各地举办气象科普活动时也需要向公众发放科普期刊。中小学生则是一直以来科普工作面向的重点人群。中小学自然、地理、物理乃至语文等多门课程中也会涉及大量气象科学知识,有趣的物候观测等也是中小学课外活动的传统项目。因此,中小学生的气象科普需求也比较旺盛。

根据以上市场调研结果,2009 年《气象知识》的期刊定位由“面向初中以上文化程度的读者”调整为重点面向“气象信息员”“中小学生”与“世界气象日”三类气象科普需求办刊。定位调整后,办刊思路也更加清晰。《气象知识》由以往的双月刊每年 6 期,调整为“一刊三版”,即“常规版”“科普活动增刊”与“校园增刊”。常规版(正刊)依然是每年出版6期,将气象信息综合服务站、60万气象信息员队伍作为主要服务对象。科普活动增刊于每年世界气象日前夕出版,作为气象科普活动的实用科普读本推向市场。校园增刊于每年暑假前夕出版,作为中小学生的暑期课外读物走进广大中小学校。

《气象知识》面向分众调整期刊定位后,期刊内容倾向性增强、形成了特色,有效吸引了特定读者的注意力,产生了稳定的受众期待,发行量显著上升。目前,常规版(正刊)已经成为气象信息员的工作手册,在农村气象防灾减灾工作中发挥着实际作用;科普活动增刊成为订阅量最大、订阅比例最高的拳头产品;校园增刊则成为交流中小学气象科技实践活动的重要平台。

2 精心策划专题

专题是期刊围绕一个主题,“在对大量相关信息进行分析、归类的基础上,进行筛选、重构、增值,创造性地整合信息资源”[5],在期刊的显著位置刊登的一系列文章。专题的传播效果密集度高、渗透力强,可以把一事说尽,从而引发读者的深入思考与强烈共鸣。与互联网、手机、广播电视等媒体相比,作为印刷媒介的科普期刊传播的时效性显然慢半拍,因此,策划出高质量的专题、提供有深度的资讯就成为期刊突出重围的努力方向。借助专题策划的手段,期刊可以拓展资讯整合的深度、对有关问题进行多角度解读,有效避免了报道内容呈现形式的粗糙和报道深度的不足。

正如《中国国家地理》社长兼总编辑李栓科所说:“作为杂志,如果提供新闻资讯,根本无法与分秒更新、海量存储并且免费索取的互联网相提并论;如果传播知识,提高技能,又如何与书本和各种类型的学堂相比?惟一的可能就是话题和谈资,关注社会热点、难点和疑点问题,并精准、精炼、精彩地提供科学背景故事。”[6]《气象知识》的专题也是围绕着与气象有关的社会热点、难点和疑点,为读者提供大量科学背景故事。如2010年第3期杂志出版时恰逢国家设立“5·12”防灾减灾日一周年,于是杂志推出“防灾减灾日一周年”专题。2010年第5期于广州亚运会召开前夕出版,杂志通过“气象与体育”专题详解了“天气对赛事”的影响、“气象条件与运动员的疾病”以及“亚运会期间的广州市区气候概述”等科学知识。2012年第4期杂志于2012年8月出版,杂志针对前一个月发生的北京“7·21”特大暴雨推出专题,不仅介绍了暴雨相关情况、读解雷达图的方法、防灾知识，而且以一篇天气预报员特写通讯介绍了气象工作方法。

科普活动增刊与校园增刊则推出针对性更强的专题，按照“整本杂志一个专题”的理念编辑，力求无缝贴合分众阅读需求。2011 年世界气象日的主题是“人与气候”，因此《气象知识》2011 年科普活动增刊详细解读了气候与人体健康、农业、水资源、交通、空气质量等人类生活方方面面的关系。根据 2013 年世界气象日主题“监视天气，保护生命和财产——庆祝世界天气监视网 50 周年”，该年度《气象知识》科普活动增刊推出的专题全面介绍了包括地基观测、空基观测、天基观测在内的气象观测系统。在校园增刊中，《气象知识》会策划“天气日记”“科技小论文”等专题，刊登中小学生写作的与气象有关的日记和论文。

气象是地域性很强的学科，因此《气象知识》策划了区域气象专题，增强期刊的亲切感。2013 年先后组织了“岭南气象风光”“中原文化与气象”“纵览湖北气象 体味荆楚文化”“燕赵风 气象情”“‘醉’美贵州气象缘”等专题。区域特色专题有机结合气象、地理、环境生态与人文情怀，有效实现了与各地气象局的联动，更接“地”气，充分调动了基层气象科技人员参与气象科普创作的积极性，壮大了作者队伍，极大地丰富了稿源，得到了广大读者的认可与好评，实现了社会效益与经济效益的双赢。

3 加强发行推广

发行，是扩大影响力的主要手段。发行量是评价科普期刊覆盖面的重要指标之一。黄端认为，报刊发行有经济功能、品牌功能、传播功能、标尺功能等四大功能。对于以发行为主要赢利手段的报刊来说，提高发行量是第一要义。成功的发行可以塑造出有影响力的媒体品牌形象，增加报刊对广告主的吸引力。发行量决定着报刊所载信息传播的广度，也是报刊社会效益实现的最后一环。发行还是衡量报刊质量最重要标尺，因为在完全竞争的媒体市场中，报刊质量越好吸引到的读者就越多[7]。因此，科普期刊若想真正提高科普效果、扩大科普覆盖面，并且解决经济困境，必须加强发行推广工作。

加强发行推广工作，首先必须提高对发行工作重要性的认识。既要认识到“内容为王”，也要认识到采编、广告、发行是期刊的三驾马车。第二应该建立立体的发行渠道，将邮局发行、自办发行与委托社会化发行公司代发有机结合起来，通过不同渠道最广泛地吸纳读者。第三优化发行服务，根据读者需求进行个性化的营销。第四借力科普活动，利用人群密集、关注度高的科普活动推广期刊。

《气象知识》发行量的攀升正是得益于发行推广工作的强化。自2009年起，编辑部探索了一系列提升发行量的方法。第一，在运营理念上，实现从“主要注重内容采编”到“内容采编与发行推广并重”的转变，以发行推广、市场需求引领内容采编工作，紧紧围绕杂志定位，贴近分众读者群需求，办有针对性的杂志，以科学性、通俗性和针对性带动发行量。第二，积极拓展发行推广渠道。在维持原有邮局、发行公司、专刊专项订阅的基础上，围绕气象灾害防御科普宣传，专门加强了面向气象信息服务站、气象信息员的自办发行。第三，加强发行服务。为订阅量大的订户提供“大客户服务”，包括打折优惠、入联办单位名录、开设“联办单位风采”宣传专栏，赠阅合订本、科普宣传画册（纪念邮册），邀请参加期刊发展论坛等。定期编发《发行情况简报》，加强与读者、大客户的信息共享与沟通。第四，组织相关宣传活动，扩大影响。推出“杂志配光盘”的立体式科普，组织“气象知识有奖竞赛”、“国家气象体验之旅（中小学暑期活动）”等活动，不仅增加了杂志的发行量，更有力扩大了气象科普的覆盖面。

4 建设人才队伍

高质量的期刊出自优秀的期刊内容生产者之手。行业性科普期刊的作者需要对相关学科有较深入的研究、有较高的学术造诣，同时又要具备一定的写作水平，善于用通俗易懂的语言解释复杂的科学问题。唯有这样才能保证科普文章的科学性、通俗性与艺术性相结合。具体说来，科普期刊核心作者的衡量标准主要有两个：“一是具有一定的本行业专业知识和较高的技术水平；二是写作水平较高，向期刊投递并刊登的稿件较多，并与期刊社及编辑人员有着紧密的联系。”[8]除核心作者外，通讯员亦可以成为科普文章写作的生力军，不定期地向期刊提供资讯并撰写科普作品。

稿源是期刊的命脉，尤其是在稿源匮乏的科普界，核心作者队伍的维护与壮大是期刊长足发展必须解决好的问题。《气象知识》在单位推荐、个人自荐的基础上，组建了一支300余人的通讯员队伍，并从中发现积极活跃者培养成为核心作者。编辑部通过多种方式加强与作者们的联系，如定期编发《通讯员工作简报》、每年召开通讯员研修会、通过QQ群与通讯员互动等，及时通报采编计划，搭建多种平台交流采编、写作经验。编辑部还通过与中国科技报、中国气象频道、中国天气网、北京科技报等媒体合作，吸引更多的科普作家从事气象科普创作。同时注意向气象专家宣传科普工作的重要性，引导本学科专家主动参与科普创作及宣传。编辑部同时完善了激励机制，实行了优稿优酬制度，充分调动广大作者的创作热情。实力强大的作者队伍保证了期刊的质量与丰富性。

期刊内容生产者还包括编辑与审稿专家，他们是期刊的"守门人"。细化岗位设置、明确岗位职责、加强岗位培训，是建设高水平编辑队伍的有效措施。《气象知识》针对年轻编辑较多的特点，实行了"传帮带"的编辑培养方式，让有经验的老编辑帮助年轻编辑提高选题策划与编辑校对水平。针对审稿专家工作繁忙的情况，编辑部一方面主动加强与专家的沟通以提高他们的审稿热情，另一方面不断完善"三审三校"流程，用科学的机制提高审稿效率。

5 结语

在网络、新媒体快速发展以及文化体制改革的新形势下，科普期刊普遍感到困难重重，只有主动迎接挑战，强化精品意识，转换运营理念，加强发行推广，加强人才队伍建设，在分众传播时代做专业的媒体，在信息爆炸时代提供深度资讯，才能更好地生存与发展。

参考文献

[1] 国务院. 全民科学素质行动计划纲要(2006－2010－2020)[EB/OL]. 人民网:2003-03-21. http://www.gov.cn/jrzg/2006-03/20/content_231610.htm.

[2] 房桦. 科普期刊参与科普产业经营的可行性与途径探讨[J]. 科技与出版,2013(7):27.

[3] 陈真,谢旭成. 试析我国综合科普期刊的困境与出路[J]. 科普研究,2008,**3**(3):39-44.

[4] 高世屹,颜彦. 论媒介定位的构成[J]. 当代传播,2002(3):68.

[5] 吴新宇. 期刊专题策划的五个要素[J]. 编辑之友,2006(1):53.

[6] 李栓科. 从"科普杂志"到"科学传媒"——访《中国国家地理》社长兼总编辑李栓科[J]. 中国邮政报,2006-03-04(4).

[7] 黄端. 试论报刊发行的四大功能[J]. 中国出版,2010(8):27-30.

[8] 李杨萌. 行业性期刊应建好核心作者及通讯员队伍[J]. 江汉大学学报(自然科学版),2013,**41**(4):248-250.

新媒体环境下的气象宣传工作研究

王 晨 田依洁 胡 亚 何孟洁 董 青

（中国气象局气象宣传与服务中心，北京 100081）

摘要：近年来，中国新媒体发展依然保持稳健快速的态势，互联网用户尤其是移动用户增长强劲，各种新的应用和服务不断呈现。大数据、微博、微信、云计算、移动互联网等已渗透到各领域，成为中国新媒体发展的主要热点，并将更加广泛和深入地影响社会发展的诸多方面。特别是新媒体在移动化发展中加速与社会的融合。基于移动互联网的微博、微信、微视频等应用大行其道，微传播进一步改变中国传播生态和舆论格局，微政务成为创新中国社会治理的新路径，新媒体向经济领域深度渗透引发产业升级和互联网金融热兴。气象宣传工作需要加强新媒体应用，让新兴媒体的主流作用更为彰显。

关键词：新媒体 气象宣传

1 新媒体时代

1.1 新媒体的特点

相对于传统媒体而言，新媒体是传统媒体的延伸与融合。新媒体作为科学知识的传播载体和媒介，促进科学传播与普及在新媒体环境中呈现出新的特征。

融合性，新媒体强调内容融合的同时，还表现为媒介融合，是由平面传播发展为立体传播，同时也是新媒体与传统媒体的复合型组合；

互动性，新媒体使得社会公众不再是被动地接受信息，而是公众与公众、公众与政府的互动；

参与性，新媒体科普的生命力在于每个人都可以成为信息的传播者和受众，呈现出人本传媒的特征，受众拥有了巨大的参与权和话语权；

即时性，新媒体显示出传播与更新速度快、成本低、信息量大等独特优势和魅力，为人们提供了及时便捷的科普途径和渠道；

便捷性，通过手机短信、移动互联网、移动电视、微博、微信等方式，人们随时可以获取丰富的、多样的信息。

1.2 新媒体发展关键期

2013年以来，无论是中国还是全球，随着移动通信和互联网的高度融合，新媒体的移动化转型趋势明显。高度网络化、社会化、移动化、融合化的新媒体已经大大超越文化传媒产业，成为向诸多领域强势蔓延的支柱性产业，也成为各国经济社会发展的战略重地和高地。

2013年，世界主要国家先后推出新媒体发展的国家战略。检视这些国家战略，我们可以发现两大特点。一是高度重视网络安全，以安全促发展。目前，已有超过40个国家制定了网络空间国家安全战略并成立了相应机构。二是重视技术和应用，以技术求强大。多个国家制定了专门的大数据、云计算、智慧城市等方面的战略规划。

不断出台的国家战略对新媒体产业发展具有现实指导和长期推动的意义，中国新媒体产业将进入发展关键期。

2 创新时代背景中的网络助政

随着信息技术的高速发展、媒介融合速度的加快，移动互联网时代迅速闯入了政治、经济及社会生活的各个角落，在其更强大的影响力和更具颠覆性的用户体验背景下“网络助政”的概念逐渐受到关注。

网络助政是在信息技术发展、互联网尤其是无线网络的广泛覆盖、网民基数井喷式增长、移动App不断涌现、公民参政议政意识增强的时代背景下诞生的新概念。其主要是指利用互联网络的互动性、即时性、多媒体性以及传播快速等特点，政府政务部门在其日常工作的运行、舆论应对以及营销等各个环节实现有效促进，使政务人员之间、政务人员与公众之间的沟通与交流更加便捷、有效，政务的效率和创新手段得到大大的提高。

网络助政，实质上是社会治理主体运用互联网提升社会治理能力，是互联网时代实现国家治理能力和治理体系现代化的重要途径。

2.1 网络助政的发展趋势

移动互联网技术和智能手机、平板电脑、“超级本”等移动终端的高速发展，开启了移动互联网时代，“微”文化正渗透到社会各个领域。工业和信息化部发布的数据显示，截至2013年11月底，中国移动用户数量达12.33亿，3G用户数达3.87亿，占比达31.6%。用手机上微博的网民数为1.96亿，手机微博使用率达39.3%。截至2013年底，微信用户数突破7亿，遍及百余个国家和地区，在智能手机中渗透率接近100%，成为引人注目的移动新媒体。

在这个大时代背景下，政务传播渠道也已经从传统的网站邮箱、论坛转移到微博、微信等新兴的移动App上。“双微”时代的到来，改变了政务机构传统的传播观念和方式。

2.2 气象部门的网络助政应用

政务微博于2013年步入规范运营、务实应用的成熟阶段。在这一阶段，政务微博在总量上稳步增长，《2013年新浪政务微博报告》显示，截至2013年10月底，新浪认证的政务微博总数100151，其中机构官方微博66830个，公职人员微博33321个，已经实现全国各省（自治区、直辖市）的覆盖拼接。

2013年世界气象日期间，气象行业已实现两岸三地微博互通交流，全国各省（区、市）气象局均已开通官方微博。在此基础上，2014年开通中国气象局官方微博后进而开通政务微博发布厅，使原本孤立的政务微博实现集群化。这充分显示了，网络助政阶段中国气象局对微博话语权的重视，其所组建的“微博团队”也为网络助政开辟了新阵地。

在微博阵地形成后，气象部门继续努力发展新媒体平台，逐渐形成微博、微信、微视及客户端的“三微一端”的新媒体宣传平台。

2.3 网络助政概念下的气象宣传改变

以政务微博与政务微信为主的各类助政平台，在服务质量上都有了较大的提升。从为民服务的角度出发，信息进一步公开透明，“服务至上”的理念不断深入人心。

2.3.1 从自我发展向互通联动转变

网络助政发展初始阶段，中国气象局不断努力尝试、探索自身发展的方式，通过热点问题的专家权威解读、气象灾害的预警、防灾减灾的科普指导、社会关切的图解等方式，自身得到快速发展，粉丝量增长迅速，但始终面临一个问题——传播力、影响力不足。

2014年下半年，宣传科普中心逐渐调整发展方式，在与人民日报、新华社等中央媒体的官方新媒体平台加强互动联系的同时，更加注重与新浪微博、腾讯微信等平台运行机构的沟通联系，并建立合作机制，从自我发展向互通联动转变，利用自身专业优势，吸引横向联动互通。

特别是在客户端方面，中国气象局积极利用搜狐、新浪、网易等新闻客户端发展，适时入驻，开通气象服务订阅，在2014年汛期，利用客户端进行台风预报、预警服务，并选取对我国影响较大的台风进行全程跟踪直播，每次直播平均吸引2000万名网友在线互动交流。

2.3.2 从单纯信息发布向兼顾民生服务转变

在网络助政阶段，气象部门通过不断地摸索实践，越来越意识到网络助政平台不仅是信息的发布平台、舆论的沟通平台，更应是民生的服务平台，是电子政务在社交媒体上的延伸。

气象部门在政务微博、政务微信等新媒体运用后，逐步实现了助政平台从发布型向互动型、服务型的转变，并希望将其打造成为了解公众关注热点、回应社会关切、实现气象防灾减灾最直接、便捷的工具。

据了解，中国气象局近期将全新打造气象预警信息发布的微博发布平台，将气象预警信息与对应的科普内容相联系，根据地市区域划分受众，推送到用户手中，初步实现气象宣传与科普相融合、传统媒体与新媒体相融合、大众化宣传与分众化宣传相融合的发展方式。

2.3.3 成为应对突发事件的重要工具

在经历了众多气象灾害事件后，气象部门逐渐改变了以往遇重大灾害事件反应迟缓、无措的方式，认识到借助互联网尤其是微博、微信等新媒体，及时公开信息、抢抓舆论制高点、扼杀流言蜚语的重要性，也在一次次成功化解危机中认可“双微合璧”的全新应对模式。

2.4 主动抢抓新媒体话语权

新媒体发展如火如荼的移动互联网时代，政府和群众的态度都有了很大的改变。气象部门，从谈“网”色变到重视运用新媒体，通过主动设置议题、组织系列互动活动，赢得一次又一次主动权。而这个转变过程中，新媒体如政务微博、政务微信的影响力得到明显提升，由以前的“僵尸”变成现在的助政“能手”，逐渐摆脱了群众心中“空壳子”的刻板形象，一个个有血有肉、精彩丰富的助政新平台刷新着舆论格局。以在新浪网开通的政务微博为例，统计分析发现，无论是微博总数、发博频率、原创率、被转发率、被评论率，还是粉丝数、粉丝活跃率、媒体关注度，都处于不断上升阶段。

2.4.1 积极加强与意见领袖的沟通

意见领袖在舆论的形成与引导上起着非常重要的作用，加强与意见领袖尤其是本土意见领袖的沟通，不仅有利于扩大影响力，还能通过影响有影响力的人推动舆论朝着积极正面的方向发展。当然，意见领袖不仅指享有强势话语权的大V，也包括各大新闻媒体。网络助政阶段，中国气象局官方新媒体通过主动邀请气象名人、新闻媒体等具有影响力的意见领袖参与沟通互动，让其与网民探讨话题，充分发挥他们引导舆论、维护主流思想、提升气象部门形象的重要作用，最终在舆论控制和引导上起到事半功倍的作用。

2.4.2 政务服务方式日趋多元，趣味性不断增强

移动互联网时代，无论是传统互联网的门户网站、论坛、贴吧，还是新兴的微博、微信等，传播形式日趋多元，文字、图片、音频、视频一应俱全，真正开启全媒体立体化信息服务模式。有数据显示，截至2013年6月底，我国在手机上在线收看或下载视频的网民数为1.6亿，与2012年底相比，增长了2536万。在当前3G用户中，手机视频用户所占比例已经接近一半。可以说，移动视频的运用热情彻底被激发，用户正呈现爆发式增长趋势。在政务服务中的运用更是迎来了发展的春天，新兴的微门户、微信、微博等政务App，都以多种方式植入视频，通过视频这种鲜活的表达形式传递政府声音，提升政府形象。另外，继微博、微信之后又一网络“新宠”——微视，悄然兴起并迅速火热起来。

依托政务微博、微信、微视，利用网友喜闻乐见的语言和视频方式进行互

动、交流，进一步强化政民间的了解与信任，构建鱼水情深的政民关系，同时也使政务服务更具贴近性与趣味性，增强了网络政务的传播效果。

2.5 积极引导网民参与网络助政

现代社会治理的一个重要方面就是参与治理的主体多元化，民众和社会组织不仅是社会治理的对象，更是社会治理的主体和参与者。网民中的“意见领袖”对网络舆情的生成、发展具有重要的引导作用。

气象部门通过邀请意见领袖，与网友讨论热点问题，进行权威发布，正确引导舆论，让他们了解气象部门的工作特点，进一步增进相互间的了解。同时，气象部门也在积极培养自己的网络意见领袖。在重大事件上，借助自己的队伍力量来引导网民进行正确的思考，强化主流舆论，并引导他们多从理解的角度出发，积极参与到具有正能量的舆论建设中。

3 气象宣传工作的新媒体尝试

新媒体的发展速度快到令人难以忽视，越来越多的人把更多的时间花在网络、手机上，很多政府、机构、职能部门也都开设了自己的微博、微信、客户端与民众互动。气象部门作为与社会生活息息相关的重要部门，也应顺应时代发展，与时俱进，改变传统的宣传模式，用更亲民、快捷、准确的宣传模式建立气象部门在民众心目中的口碑，提高气象宣传的覆盖率，用长期的、潜移默化的努力，提高全社会的气象防灾减灾意识。

3.1 气象微博横纵联动发展

全国各省(区、市)气象局均已在 2013 年相继开通官方微博，并已实现气象行业两岸三地微博互通交流。在世界气象日期间，中国气象局组织开展“我家乡的气象站”微博活动。在此基础上，2014 年开通中国气象局官方微博后进而开通政务微博发布厅，使原本孤立的政务微博实现集群化，初步实现行业纵向联动。

在使自身不断发展壮大的同时，中国气象局新媒体与人民日报、新华社等中央媒体的官方新媒体平台加强互动联系，更与新浪微博、腾讯微信等平台运行机构建立合作机制，利用自身专业优势，吸引横向联动互通。

3.2 设置话题,引导舆论关注

在不断尝试中探索,在不断总结中进步,中国气象局官方新媒体在通过将近一年的发展时间里,与网民基本形成良性互动,使得公众初步认识气象部门工作,并已出现少部分网民能够理解气象部门工作。2014 年底,中国气象局官方微博联合新浪微博共同设置话题“下半年最冷一天”,话题阅读量突破 1.7 亿,讨论量达到 2.6 万条,成功引导舆论关注。凭借此话题,中国气象局官方微博登上由人民日报发布的官方政务微博榜前三甲的位置。

3.3 新闻客户端的作用日益显著

根据目前发布的数据看,新闻客户端整体用户覆盖量已超过 4 亿,日活跃用户超过 1 亿,新闻客户端用户量超过 1.4 亿,日均 UV(页面浏览器)超过 6 亿。很明显,新闻客户端的未来发展是一个重要平台。用户量决定服务提供的内容,如果说几亿人每天看同一种客户端上的新闻,那围绕着新闻阅读需求逐步开发出其他相关功能,满足更多的需求。

正是在这种发展时机下,气象部门积极入驻几个影响力很大的新闻客户端,发布特色气象资讯。2014 年,中国气象局在搜狐新闻客户端尝试开展重大天气或重大活动直播。我国是受台风影响较大的国家之一,今年汛期,中国气象局积极运用新闻客户端开展天气直播,并邀请气象专家在线与网友交流互动,回答网友问题,并介绍最新天气发展形势以及台风的风雨影响。

4 气象宣传工作在新媒体环境中的融合发展

4.1 “新旧”媒体加强融合,共建“新”传播格局

推动传统媒体和新兴媒体融合发展,不能违背新闻传播规律和新兴媒体发展规律,强化互联网思维,要将传统媒体中的权威发布与新兴媒体互动交流相融合,一体发展。要认真研究中国气象局官方网站、报纸、杂志的优势与特点,利用新兴媒体技术转化既有宣传方式,要充分利用新媒体的传播特点,引导社会公众的良性互动与交流,从而形成社会普遍认识气象、理解气象的良好舆论环境。

气象宣传工作在新时代发展中需要深刻认识社会发展的新趋势、新格局、新变化，加强互联互通和信息共享，推动传统媒体与新兴媒体融合发展。要顺势而为，把握媒体融合及新媒体传播的客观规律；加强能力建设，充分利用气象信息资源优势，体现集约、高效和亲民，努力构建新形势下的气象宣传科普工作体系；注重时效，加大对气象宣传科普效果的评估，使气象服务更具亲和力和影响力。

4.2　正确对待网民互动交流

在新媒体宣传工作中，每时每刻都会出现新的网友评论和网友间交流，首先要对新媒体上表现出的各种情绪与心理仔细分析，认真区分，审慎对待。对于网民善意的关切、理性的建议应给予充分的尊重，及时协调相关部门给予积极回应，用新媒体舆论监督推动社会监督。对网民一般性情绪发泄的言论，表达对某些具体事件的不满，应给予一定的发言空间，并给予一定的心理引导，让网络充分发挥社会“减压阀”的作用。

4.3　气象宣传工作的新挑战

气象宣传是气象事业发展工作中的一项重要组成部分，气象宣传以气象事业发展工作为中心，气象事业发展工作以气象宣传为舆论阵地，气象宣传对于促进政务公开、提高气象防灾减灾能力具有重要意义。目前，如何适应当前的新媒体环境，及时转变观念，探索新路径，是气象宣传工作面临的新挑战，也是提升气象部门形象、提升气象防灾减灾能力的新机遇。

4.3.1　贴近公众生活

传统的气象宣传工作依托传统的大众传媒，主要指报纸、杂志、广播、电视等媒介，通过撰写气象工作报道、拍摄宣传片等途径宣传气象工作，但容易给人造成形式单调的印象。

气象宣传要不断探索、创新传播形势，以受众生活中熟悉的、喜欢的内容或方式，传递公众最关心的热点信息，进一步发挥气象宣传功能，在休闲中潜移默化地培养防灾减灾意识，促进对气象工作的客观认知。

4.3.2　及时回应公众关切

回应，即回答、应答。气象部门对于社会关切，不能不回应，也不可久拖不回应，而必须及时、有效地予以回应，在新媒体环境下，人民群众和气象宣传窗口的互动性进一步增强，一旦出现感兴趣的信息不少人会选择通过论坛、微博或微信等网络平台来表达诉求。作为气象部门宣传单位，直接面对的是公众这一宣传对象，新媒体时代的公众更具有主动参与讨论的公民意识，宣传人员更应改变以往固步自封的传统宣传思路，及时积极地将人民关切的问题反馈给大众，提高气象部门社会公信力。

新媒体下的气象宣传工作不仅要对公民的各种关切作出回响，更重要的是积极主动地挖掘公众潜在的热点关注，以便引导公众的关注，同时提供多样化的参与渠道，提供多种参与机会，使公民能把自己所关注的问题积极便捷的反映出来，以更好地促进社会和谐。

4.3.3 转变宣传理念

传统宣传方式，往往比较保守，对发生的问题讳疾忌医、对公众关注的批评可能保持躲躲闪闪的心态，往往过于看重正面报道，力求从正面报道上树立正面形象。然而新媒体是一个新传播工具，“少说话”“不说话”已经跟不上社会发展趋势，如何善待善用媒体，提高舆论引导力，是气象宣传部门适应社会发展对信息共享的需要。面对新媒体时代，需要及时调整宣传理念，一方面对气象预报服务及时和公众分享，另一方面对于公众的批评或关注的负面事件要适当及时地信息共享，建立迅捷完备的信息发布制度，尊重公众知情权。尤其在涉及公众热点关注的问题上，更应利用新媒体的功能，与公众进行双向互动，才能把气象工作全面地置于公众视线的监督，有利于进一步促进气象事业发展，提升服务水平。

4.3.4 正确应对舆情的压力

迅猛发展的新媒体使舆论环境发生巨大变化，公众已经习惯应用网络媒介行使自己的权利、表达自己的诉求。气象宣传要主动引导网络舆情走向，以引导社会情绪、维护气象部门形象为目标。一方面，需要及时发现并解决问题，加强对负面舆情的搜集力度。从源头抓起，一旦发现负面信息及时加以应对和处置，及时化解矛盾，消除事件的负面影响，防止扩大。另一方面，需要建立长效机制。负面舆情往往具备突发性，应形成舆情监测、应急响应、风险评估、处理方式等一整套长效工作机制，才能引导群众理性表达诉求，最大限度地增加舆论的“正能量”。

参考文献

[1] 刘厚. 2013年中国网络助政发展现状、问题及对策[J]. 中国新媒体发展报告 2014：178-191.

[2] 工业和信息化部. 工信部发布2013年中国工业通信业运行报告[R]. 北京：工业和信息化部，2014.

[3] 中国互联网络信息中心. 第33次中国互联网络发展状况统计报告[R]. 北京：中国互联网信息中心，2014.

[4] 人民网舆情监测室. 2013年新浪政务微博报告[R]. 人民网，2013-12-26.

[5] 江凌. 中国手机电视发展报告[M]//中国社会科学院新闻与传播研究所. 中国新媒体发展报告(2013). 北京：社会科学文献出版社，2013.

校园气象科普发展研究

中小学校园气象科普可持续发展研究

康雯瑛[1)]　武蓓蓓[2)]
(1. 中国气象局气象宣传与科普中心，北京 100081；
2. 北京师范大学文学院，北京 100875)

摘要：近年来，中国气象局积极推进中小学校园气象科普工作，一方面发挥中国气象局牵头作用，加强调查研究、顶层设计与协调联动；另一方面发挥学校主渠道作用，建设校园气象科普示范点，编写气象科普校本教材，推广校园气象文化，开展气象科技实践活动，鼓励组织学生撰写气象科技论文，开展气象科技实践活动。同时搭建了《气象知识》杂志、气象科普馆、校园气象网与气象科普活动“四位一体”的校园气象科普平台。一系列举措取得良好成效，并带来了有益的启示与思考。为保证中小学校园气象科普可持续发展，应当坚持现代科普理念，加强顶层设计，深化科普与教育融合，并构建全国中小学气象科技教育活动联盟、全国校园气象科普评估体系与智能校园气象体系。

关键词：气象　科普　校园　中小学生

《全民科学素质行动计划纲要(2006—2010—2020年)》明确要求，以重点人群科学素质行动带动全民科学素质的整体提高，未成年人正是重点人群之一。因此，探索中小学校园气象科普可持续发展之路，是气象科普工作的题中之义，是通过气象科普促进全民科学素质提升的必然要求，是气象科技工作者的重要使命。近年来，中国气象局高度重视科普工作，秉持最新的科普理念、运用综合的推进举措，有效推动了中小学校园气象科普的繁荣。

1 中小学校园气象科普发展历程

从1901年我国中小学正式设立《地理》课程以来,气象科学就一直是《地理》教科书中的重要内容。随后,气象科学教育内容又逐渐辐射到中小学《语文》《数学》《历史》《化学》《物理》《生物》等课程之中。为辅助教学,20世纪30年代初,在气象科学一代宗师竺可桢先生倡导下,气象站被引进我国中小学校园,气象观测成为课外兴趣活动,广大中小学校开始开展气象科技活动。

建国以后,党和国家非常重视对青少年学生进行科学素质教育,教育部门、共青团组织和气象部门联合,在全国中小学校建立多所"校园气象站"。这些"校园气象站"成为学校少先队、共青团组织活动的平台。中国气象局局长郑国光也曾是"校园气象哨"哨长。文革期间,各"校园气象站"相继停止活动。文革结束后,科学技术不断发展,气象科学更加深入广泛地应用于各行各业。但是,直到2008年以前,中小学校园气象科普工作并未成规模,也未形成全国联动的格局。

防灾减灾与应对气候变化的新课题摆在了气象科技人员面前。为了提高公众防灾减灾与应对气候变化的能力,气象部门希望通过"校园气象站"搭建气象科技科普平台,把防灾减灾与应对气候变化的知识推进到中小学校之中。2009年7月中国气象局公共气象服务中心首次对全国中小学校"校园气象站"现状进行了调研,2010年12月9日首次召开部分省市推进"校园气象站"工作经验交流会,国家层面组织开展气象校园科普的帷幕由此拉开。随后数年间,中小学校园气象科普实践中涌现出诸多值得总结与深入思考的有益实践。

2 推动中小学校园气象科普发展的有效实践

几年来,中国气象局推动中小学校园气象科普发展的实践可以总结成三条经验:一是充分发挥中国气象局作为气象工作主管部门的牵头作用;二是积极发挥学校作为中小学生教育阵地的主渠道作用;三是创新搭建融科普杂志、科技场馆、科普网络平台和科普活动为一体的大平台。

2.1 发挥职能部门牵头作用

中国气象局作为气象工作主管部门,肩负着大力推进气象科普工作的重要使命。近年来,中国气象局依凭自身的专业优势与专家资源,加强调查研究与顶层设计,并注重组织全国各地气象科普组织的沟通联动,充分发挥中小学校园气象科普的规划者、组织者与协调者的牵头作用。

2.1.1 加强调查研究

2009年7月,中国气象局公共气象服务中心对全国中小学"校园气象站"现状进行了调研。据调查,全国共建有1063个校园气象站,主要集中在江苏、浙江、广东、北京。在全国的校园气象站中,开展科普活动的有929个,占87%;在开展活动的校园气象站里,有校内老师参与的占89%,只有11%的校园气象站有气象部门人员参与相关科普工作;在1063个校园气象站中,管理方式以教育局管理为主,占42%,气象局管理占25%,学校管理占22%,其他方式管理占11%。

全国通过校园气象站接触到气象知识的学生约66.3万人。通过参与课堂讲授气象知识和户外实践,这些学生学习了气象知识、气象观测以及天气预报技能,开展了编写气象观察日记、撰写科技论文、组织科普参观、参加知识竞赛等活动,形成了学科学、爱科学的科学意识,为今后更好地学习自然科学知识或是成为新一代的气象建设者打下了良好的基础。

科学的诞生和人类的历史一样久远,其中气象科学是人类最早的科学,气象观测是人类最早的科学活动。在人类科学普及史上,气象科学是最早进行普及的科学。目前,在中小学的教育中,气象科学是最早实施的自然科学教育,贯穿于不同的学习阶段,基本上形成相对独立完整的科学知识体系。

在中小学中实施气象科学普及教育的目的基本上可以归纳为三方面:(1)补充、延伸、拓宽课本知识;(2)打造科学观念,增强气象科学意识,提高防、减、抗气象灾害的知识技能;(3)通过气象科学普及教育,提高中小学生的科学素质。

从调研的结果来看,在中小学中实施气象科学普及教育的现状和科普教育的目标还有很大差距,中小学气象科学普及教育工作还有很多工作要去开展。

2.1.2 加强顶层设计

2012年,中国气象局先后成立中国气象局气象宣传与科普中心与出台《气象科普发展规划(2013—2016)》,分别在组织与业务两方面加强对气象科普工作的顶层设计。

2012年8月31日,中国气象局气象宣传与科普中心在京成立。气象宣传与科普中心将承担起全国气象宣传与科普工作的策划、组织实施与业务指导,全国气象宣传与科普工作规划、计划的编制,组织气象宣传与科普基础研究和产品研发等职责,并将承担国家级媒体和境外媒体的联系、服务和协调等相关事务工作。成立气象宣传与科普中心,旨在以加强气象宣传与科普工作为纽带,促进气象业务服务与宣传、科普之间的良性互动,提高气象服务效益,促进各级政府和社会各界关心和支持气象工作,提升全社会有效利用气象信息、保障经济社会安全、提高生产生活质量的能力。

在中国气象局气象宣传与科普中心揭牌仪式上,中国气象局局长郑国光就提升气象宣传与科普工作水平和效益提出四点要求:一要着力构建新形势下气象宣传与科普的新格局,提高气象宣传与科普的覆盖面和影响力;二要创新驱动,提高气象宣传与科普工作的质量和效益;三要完善运行机制,提高气象宣传与科普工作科学化水平;四要加强领导,加大支持,将气象宣传与科普中心建设成为品位高、影响大、能力强的业务中心。

2012年12月26日,中国气象局印发《气象科普发展规划(2013—2016)》(以下简称《规划》)。《规划》提出面向发展公共气象服务需求,面向未成年人、农民、城镇劳动者、社区居民、领导干部和公务员等重点人群,大力普及气象科学知识。到2016年,基本实现气象科普业务化、常态化、社会化和品牌化发展,实现气象科普融入气象业务服务之中,形成科学有效的气象科普业务流程,构建"政府推动、部门协作、社会参与"的气象科普工作社会化格局,着力打造一批较有影响力的气象科普品牌,使气象科普成为提高全民科学素质和公共气象服务效益的重要内容。

《规划》提出,要积极推进气象科普重点工程建设,包括打造一批气象科普品牌,建设气象科普展区、气象科普基础设施和开发移动气象科普系列展品,建设示范校园气象站,开展气象科普示范县和示范乡镇试点,建设气象科普示范社区和科普教育示范基地,开展气象科普素质培训,建设宣传科普中心业务系统、《气象知识》数字出版系统和中国数字气象科普馆。在具体指标上,《规划》提出到2016年,新增20个专业性较强、现代化水平较高和具有一定影响力的气象科普场馆(展区);每个县至少建成一个标准化的校园气象站;全国建成约

2000个气象科普示范社区；培训万名农村气象信息员等。

《规划》明确了气象科普发展的五项主要任务：一是注重需求引领，提高全民气象科学素质；二是丰富气象科普产品，加强气象科普基础设施建设；三是推进资源共享共用，提升气象科普业务化水平；四是打造示范项目，加快气象科普社会化发展；五是瞄准先进水平，加强宣传科普中心能力建设。同时，要求加强组织领导，提高科学管理水平；加强开放合作，构建社会化工作格局；加强队伍建设，形成科普人才资源支撑；加大投入力度，保障科普工作取得实效。

2.1.3 加强沟通联动

2010年12月9日至10日，中国气象局公共气象服务中心组织召开了部分省市"校园气象站"工作经验交流会。中国气象局、北京市海淀区教育科普协会以及北京、上海、浙江、安徽、河南、湖南、重庆、陕西、甘肃、四川、大连等省市气象局的科普工作者、"校园气象站"建设示范学校的教师代表近六十人参加会议。在为期两天共十余小时的经验介绍与交流过程中，公共气象服务中心总结了作为国家级科普业务单位在推动"校园气象站"建设中所做的大量工作，基层气象部门与学校提炼了多年来建设"校园气象站"的有效举措。

与会代表围绕"如何更好地在更广范围内推进校园气象站工作""如何更好地实现国家级科普业务单位与中小学师生在气象科学普及中的有效互动""省、市气象部门、学校、教育部门如何联动"等议题展开了热烈讨论。与会代表一致认为，校园气象站是气象科普进校园的重要平台，其主要作用在于培养学生学习气象科学的兴趣，丰富学生的气象科学知识，提升学生的科学素养。下一步的工作重点是气象部门加强与教育、科协、共青团等部门的联系，建立有效的沟通合作机制。建好"校园气象站"、做好校园里的气象科普工作关键在于"有爱心、有示范、有队伍、有投入、有合作"。只要做到了上述"五个有"，这项工作就能有成效、有成就感。

2012年4月1日首届"两岸四地校园气象科普教育论坛"在深圳东部华侨城隆重召开，论坛主题为"校园气象科普教育的推进与可持续发展"。中国气象局郑国光局长为论坛题词——"普及气象科学知识，促进人与自然和谐"(论坛专门印发)；陈联寿院士应邀担任组委会名誉主任并作开场报告——"给地球看病"。

中国科协科普部、中国气象局办公室，来自北京、上海、浙江、广东、深圳等省(市)气象、教育、科技界,以及香港、台湾(澳门因未成立气象学会未派员出席)气象、教育、科技界、企业人士,深圳市区教育、科协、科技社团、部分大学机构、中小学校代表、企业等共计约150人参加论坛。中国气象局公共气象服务中心、中国气象学会、气象报社、气象出版社、华风集团分别派员参加了论坛。

来自台湾、香港、上海、浙江、深圳等地的嘉宾分别作主题报告,分享推进校园气象科普工作的经验。论坛还邀请部分嘉宾以互动交流形式,就“两岸四地携手推进校园气象科普教育”“校园气象站网建设及校园气象实践活动探讨”“校园气象校本课程开发探讨、校园气象科普队伍建设”“校园气象科普可持续发展探讨”等议题进行讨论。嘉宾来自各行各业,讨论的视角广、思路新、内容实,达到了相互交流、启发的目的。

2.2 发挥学校主渠道作用

学校是未成年人科普教育的主渠道与主阵地,因此中国气象局高度重视与学校合作推进校园气象科普工作,发挥能动性把气象科学知识、气象专家、气象仪器设备和气象文化送进校园。

2.2.1 建设校园气象科普示范点

2014年中国气象局和中国气象学会联合印发《全国气象科普教育基地管理办法》,将校园气象站和基层防灾减灾社区(乡镇)纳入全国气象科普教育基地。为进一步加强全国气象科普教育基地的建设、运行和管理,中国气象局办公室和中国气象学会秘书处联合修订《全国气象科普教育基地管理办法》,对气象科普教育基地的申报、评审、命名和考核的组织管理工作进行了规范。修订后的管理办法在申报对象方面由单一的气象行业扩展为全社会;在其设施内容方面由气象台站为主的综合类扩展为示范校园气象站和基层防灾减灾社区(乡镇)。其目的在于广泛联合社会力量,共同推进气象科学技术教育、传播与普及,不断提升全民气象科学素质。此前,全国已有218家由中国气象局和中国气象学会联合命名的“全国气象科普教育基地”。这些基地以面向社会公众开展气象科学知识普及,宣传气象科技发展和具有专业特色气象文化为主要内容,在传播气象知识、提升全民科学素质中发挥了重要作用。

气象部门积极推动热心气象科普的学校建成校园气象科普示范点。2010年3月22日中国气象局、中国气象学会授予北京理工大学附属中学“全国气象科普教育基地”匾牌。5月9日北京市海淀区教育委员会、清华大学科研院和中国科学院科学传播办公室主办第二届“社会大课堂牵手行动资源联盟成果展示博览会”，在此次博览会上中国气象局科技展厅成为“海淀区青少年校外教育实践基地”，与北京理工大学附属中学签约社会大课堂资源联盟合作协议书，定期为北京市中小学生开放气象科技展厅。

2010年6月，由上海市宝山区气象局和区教育局、区科协、区少科站及区内9所中小学发起(现已发展为14所)，成立了“宝山区中小学气象科技教育创新联合体”(下称“联合体”)。“联合体”以学生气象科技启蒙教育和社会防灾减灾为主线，确立了“内外联合、上下联动、资源共享、可持续发展”思路。“联合体”由三大类人员参与组成。一是“校长委员会”，也就是成员单位的校长参与了该组织的领导；二是“专家委员会”，请气象专家参与校园气象科普教育，在技术上予以强大的支持；三是“教研组”，由数名具有较强教学和科研能力的教师组成。由于“联合体”由上述三大类人员参与组成，所以能够在开展学生气象观测实践教学的基础上，初步形成了一套覆盖全学段的(包括幼儿园)阶梯式气象科普特色课程。“联合体”的每所学校根据自身教学特点，形成了各具特色的气象文化，如高境四中的二十四节气，罗店中学的气象名人文化，虎林三小的太阳光气象站等。“联合体”在宝山区气象部门的指导下，通过学生气象观测实践、自制气象小仪器、学生探究小论文和防灾减灾七巧板比赛等丰富多彩的气象科普教学活动，把以气象科普教育为重点的气象科技教学推向纵深，丰富了教学内涵、拓展了学生视野、创新了学校气象科普理念，初步实现了气象科普教育社会资源的共享，开创了学校气象科普新模式。

浙江省气象学会于2012年5月28日成立了校园气象协会，建立了一个全省性的“校园气象科普教育组织”，统一领导全省的校园气象科普教育。浙江省气象学会校园气象协会是全国第一个由省级政府部门领导管理的合法的民间社团组织。协会成立以后，立即对成员单位进行统一管理、引领与指导，并作出组织规划部署。2012年5月28日至2013年6月31日，共完成了命名“浙江省气象科普教育基地”、为“小学气象科普教育读本”举行首发式、构建浙江省校园气象科普教育网络、举办“校园气象科普教育辅导员培训班”、承担教育部十二五重点教科研课题、打造校园气象科普教育品牌、与兄弟省份气象学会进行横向沟通联络等七项重点工作。

2.2.2 编写气象科普校本教材

2012年5月28日，在中国气象学会、中国气象局公共气象服务中心、浙江省气象学会等单位的共同策划和大力支持下，温州市瓯海区丽岙二小经过近一年的努力，开发出一套三册供小学三、四、五年级学生学习的《小学气象科普教育读本》校本教材。《小学气象科学普及教育读本》在浙江温州首发，并作为正式气象科普教材进入该市瓯海区丽岙二小课堂。中国气象局党组书记、局长郑国光为该读本题词："普及校园气象科学知识，提升学生适应自然能力。"中国气象局党组副书记、副局长许小峰为该读本作序，并作出如下评价："以气象科学体系为线索，以传播科学知识为手段，以传播科学思想、弘扬科学精神、倡导科学方法、推广气象科学技术应用为目的进行编撰。教材表达的主题与理念符合气象科普工作的内涵，表现手法与技巧也比较科学，适合小学学生学习。"

这套教材共17个单元，分为3册，采取大量小学生易于接受和理解的卡通图片进行形象表达，图文并茂地介绍了气象科学的基本体系，同时注重介绍气象和不同学科与领域之间的交叉联系。这套教材与以往的校园气象科普读本不同，不是学生的课外读物，而是投入教学使用的教材。丽岙二小在三、四、五3个年级开设气象科普课程，采用规定课时教学与实践相结合的形式对教材进行详细讲解，以全面提高学生的气象科学素质。

不仅仅是丽岙二小，目前气象课已经作为一门专门的课程，走进了部分中小学校课堂，供孩子们学习。《安徽省小学生气象灾害防御教育读本》作为全省小学五年级学生学习教材之一。重庆市北碚区大磨滩小学出版了气象课教材《气象科技活动》。上海市恒德小学的《气象与生活》校本课程，以灾害性天气的认识、防御为主要内容，以认识预警信号为主线，通过深入浅出的讲解，生动活泼的授课形式，启发学生思考，引导自主探究，在介绍气象知识的同时融入音乐、历史、地理、文学等元素，提高学生科学文化素养路。浙江省湖州市德清县洛舍中心学校编有《可桢气象学校校本教材》，各班一周有三节综合实践活动课，学校要求各班拿出一节课作为气象科技教学所用。学校还编印《每日气候物候观测记录本》，人手一册，引导学生每天都对气候、物候情况进行观察记录。

2.2.3 推广校园气象文化

科普要普及的不仅仅是科学知识和科学方法，还要传播科学思想与科学精神。因此，推广校园气象文化是开展校园气象科普的题中之义。气象部门组织专家学者走进学校，讲述气象科学家的故事；学校则建设气象学园，唱响红领巾气象哨哨歌。

上海恒德小学在学校原有的一“站”（“七彩星”气象站）、一“街”（气象长廊）、一“室”（气象工作室）、一“群”（气象大师雕像群）的基础上，进一步整合教育资源，进行整体设计和布局，建设“七彩星”气象学园。2007年，学校设立了创新棋院，由教师和学生共同研发了气象365活动棋，将气象科普知识融入游戏之中，气象知识的传播水到渠成。2008年，学校又与上海市嘉定区气象局合作，开发了“游神州、迎奥运”气象环保游戏棋。这副棋，将中国版图作为背景，以08奥运火炬传递，串联起祖国34个省份，100多个城市，游戏者将有机会扮演奥运吉祥物——福娃，在饱览祖国大好河山的同时，了解各地风土人情、地理气候特征，在玩中学气象，亲身体验火炬传递的激情，体现了知识性、趣味性与爱国主义教育的结合。至今共完成“气象365活动棋”“‘游神州、迎奥运’气象环保游戏棋”“‘观世博、学气象’游戏棋”“气象牌牌乐”和“‘碳锁者’游戏棋”等五代气象桌游，以丰富的知识性、趣味性及独特的文化内涵，成为气象科普教育的有效载体。

“我们是红领巾气象哨兵，活跃在绿色的田野上，监测天气的变幻，传递气象的信息，为了探索大自然的奥秘，我们雏鹰初展，经受风雨的考验。我们是红领巾气象哨兵，学好知识练就本领，水塘岸边留脚印，花果山上觅踪迹，为了明天灿烂的理想，我们寒暑节假，坚守在光荣的岗位上。”这是浙江省湖州市德清县洛舍中心学校的《“红领巾”气象哨兵之歌》，也是学校的校歌。浙江省湖州市德清县洛舍中心学校以发展气象科教为一大特色，成立“可桢气象学校”，组织“识天社”气象科技社团，围绕小小的“红领巾气象站”做出大事业，以气象科学普及培养学生的科学素养和科研能力，通过培养“懂气象、用气象”的学生群体帮助当地农业发展。

2.2.4 开展气象科技实践活动

气象科技实践活动是气象科普工作的重要载体。重视气象科普的学校均开展了丰富多样的活动，有校园气象站的学校围绕校园气象站开展了以天气观测为中心的实践活动。

上海恒德小学形成了“气象七彩行”科普教育活动，也就是以“关注气象、关注环保”为主题的“赤橙黄绿青蓝紫”系列活动：赤——观测行动，掌握观测方法，争当小小气象员；橙——探究行动，运用气象知识解决实际问题；黄——预报行动，搜集整理观测数据，开展个性化预报活动；绿——温馨行动，聚焦气候变化，传递绿色理念；青——传播行动，宣传气象环保，做绿色行为的倡导者；蓝——爱心行动，关注气象灾难，募集捐款，帮助他人；紫——创想行动，制作环保模型、创想画，展现个性。在社区内发挥学校气象站资源辐射作用，为居民提供准确的桃浦地区天气预报，方便居民出行；在社区中开展气象知识传播、宣传活动，普及气象知识；在学生家庭中开展亲子气象探究活动。

安徽省马鞍山市钟村小学以科普活动为载体，拓宽中小学学习内容，增强同学们参与科技活动的兴趣，培养科学意识和科学探究能力，通过气象科学实践活动，使同学们掌握初步的气象科学知识，积累较正确的气象资料，对气象科学产生浓厚的探究兴趣。该校成立了钟村小学红领巾气象站，从 2010 年 9 月底开始，红领巾气象站各项活动有步骤地开展了起来。红领巾气象站有自己特制的气象观测记录簿，要求同学们学会记录方法和背熟天气现象记录符号，进行正确记录；每月还要填写统计报表、绘制气温曲线图；年终绘制全年气温曲线图等。红领巾气象站开展本市气象调查活动，进行气候物候记录，遇到特殊气候，要查阅本站往年资料、图书资料和市气象站数据库的资料，逐步积累和探索气候变化规律。红领巾气象站的气象实践活动，使同学们接受了气象科学知识的课堂教育，校本气象教材的学习，专业气象工作者的气象科学知识讲座和大量气象科学与科普图书的阅读，初步了解掌握了气象科学体系的较为全面的知识，增长了气象科学知识。通过气象科学的实践探究，同学们增加了观察能力、归纳分析能力、想象能力，以及信息的搜集、处理、利用等各种相应的综合能力。

2.2.5 撰写气象科技论文

开展气象科普的学校积极组织学生撰写气象科技论文。中国气象局在《气象知识》杂志与校园气象网上开辟了专门的栏目刊登学生们的气象科技论文。目前，发表在校园气象网上的小论文共计 148 篇。这些论文大多与日常生活中遇到的气象现象紧密相关。学生在生活中观察到了引发疑问的现象，随后展开探究，最终理解其背后的气象科学原理。学生撰写的科技小论文生动地再现着这一探究过程。

2.3 构建“四位一体”校园气象科普平台

为了实现气象科普的常态化、业务化，中国气象局搭建了《气象知识》杂志、气象科普馆、校园气象网与科普活动“四位一体”的气象科普平台，有效持续推进气象科普有抓手、可持续地发展。

2.3.1 杂志

2009 年《气象知识》编委会按照“精准定位，精准推广”的期刊运营理念，形成“一刊三版”(即常规版、校园版、科普活动版)的分众化发展模式，把《气象知识》打造成为气象信息员的知识读本、气象科普活动的实用材料、交流中小学科技实践经验的重要平台，为校园气象科普提供更多知识理论。2009 年以后，《气象知识》与校园气象科普教育贴的更近，不但其中的《校园百叶箱》栏目逐步增容，而且从 2011 年开始，每年增出一期《气象知识(校园专刊)》，专门刊登中小学生有关气象科普学习的科技论文、绘画、天气日记、诗歌、摄影、剪纸等作品，为广大师生构筑了高端的展示、交流、训练平台。

《气象知识》为鼓励面向中小学生的气象科普创作，在常规优秀文章评选基础上，从 2012 年度起新增了校园作品评选。经过认真评议和投票，评选出优秀文章、优秀作品、优秀图片和优秀四封。近年来，已有近百篇来自各地中、小学校同学的作品获奖，推动了气象科普在校园里的开展。

2.3.2 科技馆

中国气象局通过策划现代气象科技展览，加强科技展厅更新与展品开发，充分发挥科普教育基地作用。不仅办好自有的中国气象科技展厅，而且加强与中国科技馆的合作；不仅建好固定科技场馆，而且研发流动科普馆；不仅建设实体气象科技馆，而且开发了网络数字科技馆。

《气象知识》编辑部精心设计组织“中华人民共和国成立六十周年成就展”气象展区、“中国气象局成立六十周年成就展”以及“2010 信息化与现代农业博览会”气象服务“三农”展区等，向社会公众普及气象科学知识，宣传气象科技发展成就。“中华人民共和国成立六十周年成就展”气象展区受到胡锦涛等 6 位中央政治局常委的检阅，超过 100 万公众接受气象科普教育。

中国气象科技展厅注重与时俱进地更新展板内容与更新科技展项，注重创新科普展览理念，在重大展览与日常接待中发挥了重大科普作用。2009 年中国气象科技展厅评选为“全国科普教育基地”。2012 年获中国科协授予的“2012 年优秀科普展厅称号”。2013 年日常接待 13000 多人次参观，包括国务院扶贫办、中央党校司局长干部进修班、中央国家机关处长学习班、国家发改委党校班、中央电视台总编室等50多家单位。

推动建设数字气象科技馆，制作气象科普网络服务产品，网络气象科普服务逐步业务化。安排值班参加每日天气会商，提高科普敏感性，根据中国天气网、中国兴农网业务需求，开发网络科普服务产品。积极推进建设数字气象科技馆，致力于给普通大众用户全新的气象科普体验。目前气象数字科普馆(一期)"防灾减灾馆"已经上线。

除固定场地的气象科普馆外，中国气象局还推进"流动气象科技馆"建设，创新开发了气象卫星模型、地基观测系统、虚拟翻书、科普游戏、模拟降雨、流动影院等7种流动气象科普设施。流动气象科技馆随着"流动气象科普万里行"活动走进全国各地。2013年3月23日"流动气象科普万里行"活动在京正式启动，活动由中国气象局联合科学技术部、中国科学技术协会、中国气象学会主办，中国气象局办公室、中国气象局气象宣传与科普中心承办。活动主要由各省(区、市)局具体实施和开展，重点选择比较偏远、信息不发达地区的农村、校园、社区，与世界气象日、防灾减灾日、科技活动周、全国科普日活动结合。

"流动气象科普万里行"活动从北京出发，第一站在河北保定的易县石家统村、满城县永乐社区以及邯郸市邯山区实验小学进行现场科普活动。在活动现场，公众不仅领到了《气象知识》专刊、科普图书、科普折页等科普宣传资料，还与现场展出地基观测系统、气象卫星、虚拟翻书、科普游戏等科普展品互动体验，与气象专家面对面交流，咨询防灾避险、农业生产等气象方面的问题和疑惑。展区还搭建了流动影院，滚动播放应对气候变化、防灾避险等方面的科普电影电视片。"流动气象科普万里行"是气象部门推进气象科普基础设施向基层延伸的重要举措之一。

2.3.3 网络平台

在网络高度发达与广泛运用的时代，各种全国性的网络平台应运而生，其中有关气象科普的网络也有数十个，唯独没有关于校园气象科普教育的专门平台。2011年7月，中国气象局公共服务中心为推进全国校园气象科普教育的进一步发展，为全国中小学的气象科普教育提供更多窗口，创办了"校园气象网"，这是我国第一个由国家政府部门设立的全国性的校园气象科普教育网络平台。

网站下设"校园资讯""校园作品""科技实践""气象常识""专题活动"与"校园台站"等6个栏目，全面反映现有"校园气象站"的生动实践，并为广大师生提供专家与资源支持。网站还为各校园气象站师生之间互动交流提供网络平台，也为进一步推动校园气象站工作提供一个资源集中、互动有序的基地。

“校园气象网”开设的“校园资讯”是反映全国校园气象科普教育活动动态的栏目，由于“校园气象网”的主办单位与全国开展气象科普教育的中小学校建立了广泛的联系和常规的密切沟通，因此全国各地的动态都能够及时迅速地在该栏目中得到反映。“校园作品”是发表各中小学校学生们有关气象科普教育和气象科技活动的心得、体会、感悟、收获等文章，这些文章既反映了全国各地开展气象科技活动的情况，也能够获知中小学学生在气象科普教育中各方面素质得到提高的信息。“科技实践”栏目下设“创新方案”“天气日记”“科技小论文”等三个小栏目，也就是通过三种形式反映我国中小学开展气象科技活动的深度和广度。“气象常识”是向广大师生普及气象科学知识的栏目，该栏目从“基本知识”“防灾减灾”“气候变化”“气候资源”“气象与生活”及“其他”等 6 个方面，对气象科学体系进行最通俗的基础传播。“专题活动”是通报全国性大型专题活动的信息。“校园台站”栏目是全国校园气象站的专门园地，专题反映全国各地校园台站建设与运转动态，是全国校园气象科普教育标志性栏目。

从栏目的设置和内容选刊的情况看，“校园气象网”既能及时迅速地传递全国各地的信息，又能全面反映全国校园气象科普教育的动态，而且还具有其特有的深度、广度和高度。另外，“校园气象网”不是一个孤立独裁的网络，为了能使我国的校园气象科普教育得到更加广泛的传播，让关注校园气象科普教育的公众了解和掌握更多的信息与动态，“校园气象网”还与许多国家级气象科普传播媒介进行了广泛的链接。

2012 年初，校园气象网与中国数字科技馆建立了联盟。中国数字科技馆是由中国科协、教育部、中国科学院共同建设的一个基于互联网传播的国家级公益性科普服务平台。中国数字科技馆以激发公众科学兴趣、提高公众科学素质为己任，面向全体公众，特别是青少年群体，搭建一个网络科普园地。

“校园气象网”与中国数字科技馆建立联盟以后，校园气象网采用独立域名作为中国数字科技馆的一个重要频道运行。双方携手共同打造面向中小学气象科技实践的网上平台，面向全国中小学生开展一系列气象科普教育活动。可以说校园气象网已经成为一个优秀的全国性校园气象科普教育专题传播平台。

2.3.4 活动

近年来中国气象局公共气象服务中心先后联合中国气象学会秘书处、中国科技馆举办三次“国家气象体验之旅”。“国家气象体验之旅”活动以《气象知识》“校园专刊”为依托，以推进气象科普进学校为目标，活动的体验者们通过近距离接触最先进的气象设备，体验先进的气象科技，在快乐中探索科学奥秘，达到了“体验科学，热爱科学，学习科学”的目的。

2011 年 8 月 8 日，来自北京、上海、浙江、内蒙古等近 10 省市的百余名师生及气象科普工作者，参加“国家气象体验之旅——北京行”暨校园气象科普发展座谈会。本次活动为期 2 天，共有 7 个项目：校园气象科普发展座谈会、参观中央气象台、参观中国气象科技展厅、参观华风演播室、参观南郊观象台、参观北京天文馆、参观中国科学技术馆。

2012 年 7 月 18 日以“体验气象科技，感受中原文化，学习气象知识，提升科学素质”为主题的“国家气象体验之旅——河南行”在河南省郑州市举行，来自北京、河南、重庆、四川等 10 多所学校的 50 多名师生参加了该次活动。活动从观摩“全国天气会商”开始，省气象台的首席预报员给同学们详细地介绍了天气预报的制作过程和河南省天气气候的基本情况，这是给参加本次活动的师生所上的第一堂别开生面的气象课，使师生们了解了气象部门如何对天气系统进行“会诊”的全过程。在气象影视制作中心，师生们了解了天气预报的制作过程，特别还亲身体验了一次天气播报的感受。在人工影响天气中心，师生们听讲了人工增雨的流程，观看了人工影响天气的先进设备，感受到了现代科学技术的威力。在郑州市气象观测站里，师生们亲历了高空天气观测的过程；在农业气象实验站里揭开了气象为农业服务的面纱。

2012 年 8 月 9 日以“体验气象科技，感受首都文化，学习防灾知识，提升科学素质”为主题“国家气象体验之旅——北京行”在北京举行，来自北京、内蒙古、江苏、上海、浙江、安徽、河南、宁夏、山西等地的 70 余名师生先后参观了中国气象科技展厅、华风影视集团、中央气象台、北京市南郊观象台和中国科技馆，体验最先进的科普设施，探索科学奥秘。

“国家气象体验之旅”是我国校园气象科普教育的创新活动。“国家气象体验之旅”引导中小学生进入气象科学的神秘殿堂，引领着中小学生亲身步入，亲自体验，让普通学生的科学梦想变为实际亲历。国家级的天气预报中心—中央气象台、华风演播室、全国性的天气会商、高空大气探测、人工影响天气等，这些对于普通中小学生来说比较神秘的地方，通过“国家气象体验之旅”活动揭开了面纱。

3 推进中小学校园气象科普的成效

随着中小学校园气象科普工作的推进，全国各地越来越重视面向未成年人的气象科普工作，积极参与气象科普的中小学校也屡获殊荣，参加气象科普教育的中小学生的科学素质也明显提高，实现了一举多赢。

3.1 全国各省日益重视校园气象科普

河南省气象科普工作经过几年来的探索和实践，逐步形成"政府推动、政策支持、公共投入、项目带动、部门协作、整合资源、融入发展、共建共赢"的新机制。截至目前，全省建成两个国家级科普教育基地和12个省部级科普教育基地，建成1200个气象科普宣传站和102个气象科普示范点；60%的气象台站建有科普宣传场所，向公众开放的气象科普场馆（所）面积超过两万平方米，每年接待中小学生和社会公众20万人次；全省累计开展各类气象科普宣传活动700多次，发放气象科普知识彩页、挂图、书籍和光盘300万张（本），气象科普活动受众人数超过200万人次。

山东省泰安市气象局"气象科普工作社会化"项目正式申报参评全省气象部门创新工作成果，气象科普进课堂、小记者走进气象局等气象科普社会化举措获得好评，每年气象科普基地累计接待中小学学生及家长6000余人，泰山晚报专版宣传4次。市气象局联合市教育局，在七里埠小学开设了《气象奥秘》校本课，以3～4年级的小学生为对象，每周开设气象课，全年授课达到4800人次，并组织学生编写气象手抄报等，把七里埠小学办成了"气象特色学校"。与该学校合编的《气象奥秘》校本课教材获得泰山区教科研中心校本课评比一等奖。此外，市气象局积极推进校园气象科普基地建设，在全市8个学校安装了自动气象站。泰安市所辖新泰市气象局给向阳试验学校挂牌"气象科普基地"；肥城气象局帮助河西小学建设"气象园"和"少先队气象站"，气象科普正在成为中小学校园的特色和亮点。在此基础上，泰安市局与当地主流媒体《泰安日报》签订长期合作协议，挂牌"泰安日报小记者团活动基地"，小记者团每月组织2～3次小记者采访活动，气象专家为小记者兴趣课堂"授课，每月1次。按照合作协议，每次小记者团采访活动结束后，《泰山晚报》都免费拿出一个整版刊登小记者采访的稿件，每次气象专家为"小记者兴趣课堂"授课结束后，《泰山晚报》

都进行了报道。

安徽省芜湖市气象局联合芜湖市科协、教育局共同推进气象科普进校园活动，建成包括华强中学校园气象站在内的三所校园气象站。该站建立后，为学生们学习防灾减灾知识提供了平台，受到广大师生的喜爱。按照“五个一”的建设标准，学校建设一座标准化的校园气象站，建成四要素区域自动气象站；设置一个气象科普宣传栏，增强防灾减灾科普知识宣传；配备一个气象电子显示屏，提供气象预报预警信息；购置一套气象科普书籍，引导中小学生参与气象科普作品创作；组建一个气象知识兴趣小组，开展模拟气象实况监测、天气预报制作等活动。芜湖市政府还在10所中小学校建立气象科普进校园示范点，布设校园气象站，力争2015年在全市所有中小学进行推广。芜湖市气象局将对示范点校园气象科普工作进行总结宣传，进一步提升校园气象科普内涵，切实发挥气象科普作用，提升校园防灾减灾能力。

江苏省昆山市气象局紧紧围绕公共气象服务需求，努力创新气象科普工作，加强气象科普能力建设，大力推进气象科普资源共建共享，为全面提高全民气象防灾减灾意识和能力，提升全社会防御自然灾害和应对气象变化能力，在“3·23世界气象日”“5·12全国防灾减灾日”“6月安全生产月”和“科技活动周”“全国科普日”等主题日，做好社会各界人士和中小学生接待工作，安排工作人员带领群众参观气象观测场、气象台，了解天气预报的原理和防灾减灾常识，并在气象大厅内摆放灾害性天气预警信号、防雷知识、气象小常识等宣传资料，布设气象科普宣传展板，值班室播放有关天气、气候知识的科普宣传片等。开展气象科普知识“进农村、进社区、进企业、进学校、进家庭”五进活动，着力推动气象科普进学校。加强与教育部门的联系，每年策划1－2次较大规模的科普知识进校园活动。持续做好每年的暑期夏令营活动，使之成为该局科普特色活动之一。与教育部门配合做好中小学生气象科普教材的编写工作，设计并完成气象科普小象棋等寓教于乐的教育工具。结合教学任务，到学校开展气象科普专题讲座，不断提高中小学生的减灾防灾的意识和能力。

2014年11月，地处偏远科普教育相对薄弱落后的内蒙古自治区额济纳旗首个气象科普教育基地也落户在额旗小学校园。在揭牌仪式上，气象技术人员为学生们讲解了气象仪器的工作原理，演示了仪器的观测、使用和维护方法。该基地建有人工观测气象站，安装了温湿度表、雨量筒等仪器，同时在校内设有气象信息电子显示屏、气象科普宣传栏，并在学校图书馆设立了气象科普资料专栏。

3.2 中小学校屡获殊荣

几年来，在推动全国中小学校园气象科普发展工作中，涌现出许许多多的科普教育先进学校，这些学校被各级组织授予各种荣誉称号和奖励，成为校园气象科普的排头兵，起到了带动示范作用。

中国气象局、中国气象学会授予北京理工大学附属中学“全国气象科普教育基地”匾牌。

上海市教育委员会、上海市气象局授予普陀区恒德小学“上海市气象科普特色学校”，荣获联合国教科文组织颁发的节能减排与可持续发展社会行动项目示范校。

上海市嘉定区南苑小学荣获“中英气候变化课堂项目展示学校”称号。

浙江省湖州市德清县洛舍中心学校誉被为“可桢气象学校”，坚持气象科教活动十八年，该校学生开展的科技实践活动有三项获国家级大奖，有 21 项获省级奖，《中国气象报》、省《教育信息报》等各级媒体多次进行了报道。

浙江省平湖市乍浦小学红领巾气象观测小组，2008 年在平湖市科技创新大赛中荣获一等奖。

杭州市留下小学气象站学生的多篇论文在科技节小论文中获奖。

浙江省宁波市岱山县秀山小学红领巾气象站更是收获累累。2008 年学校《建立校园气象站，提升学生综合素质》一文获全国三等奖，《风云卅载“气象”新》获省三等奖，《校园气象站带来校园新气象》获市二等奖、县一等奖。2009 年学校获市科技艺术节二等奖、教师创新奖，省专题网站评比三等奖，《岱山县秀山小学红领巾气象站活动报告》获县科技活动创新奖，《气象综合实践活动案例》获市二等奖。

宁波市鄞州区高桥镇中心小学近五年先后被授予全国综合实践活动先进学校、宁波市气象科普教育示范学校、宁波市雷电灾害防御示范学校、鄞州区科技教育示范学校、鄞州区特色项目学校（气象科技）等称号。《气象探秘校本课程开发的研究与实践》课题被立项为教育部重点项目“综合实践活动课程研究与实验”重点子课题，三项气象教育课题获得浙江省、宁波市科研规划部门立项。学校与鄞州区气象局联合开发了宁波市首本中小学生气象科普教育教材——《气象探秘》（由现代教育出版社正式出版），另有多项气象教育研究成果先后获得全国中小学生研究性学习成果评选一等奖、浙江省优秀科研论文成果三等奖、宁波市青少年科技大赛(环境生物)一等奖、宁波市中小学综合实践活动成果评选二等奖、宁波市气象酷派绿色校园行动大赛三等奖等近20项荣誉。《中国气象报》、中国新闻网、《钱江晚报》《东南商报》等媒体已10余次报道该学校的气象科普特色教育情况,《鄞州日报》、鄞州教育网等媒体上的信息更是经常不断,宁波、鄞州电视台也有多次视频报道和二次专题节目报道。

4 启示与思考

全国各省、地、市在校园气象科普实践探索中,积累了不少较为成功的经验,这些经验带来了理论与实践两个层面的启迪,为下一步推进中小学校园气象科普可持续发展提供了有益参考。

4.1 理念层面的启示与思考

观念与时俱进方能保证实践不断取得成效,近些年的成功实践源自背后科学的理念指导。

4.1.1 转变科普理念

进入21世纪以后,我国的科普工作出现了三种新理念,中小学校园气象科普工作之所以能够取得现有成效,正是因为把握住了这三种理念。

(1)科普的内涵发生了转变,从重视传播科学知识与科学方法的传统科普转变为促进公众理解科学的现代科普。“传统科普,是指通过一定的组织形式、传播渠道和手段,把科学共同体公认是正确的科学技术知识,传播介绍给受众,以提高受众的科学知识水平和技术技能。”[1]现代科普则是“把人类研究开发的科学知识、科学方法以及融化于其中的科学思想和科学精神,有意识有组织地通过多种方法、多种途径传播到社会的方方面面,使之为公众所理解,用以开发智力、提高素质、培养人才、发展生产力,并使公众有能力参与科技政策的决策活动,促进社会的物质文明和精神文明建设。”[1]

(2)政府是科普工作的有力推动者。《全民科学素质行动计划纲要(2006—2010—2020年)》明确指出,今后15年实施全民科学素质行动计划的方针是“政府推动,全民参与,提升素质,促进和谐”。政府推动的具体要求是,各级政府将公民科学素质建设作为全面建设小康社会的重要工作,加强领导。各级政府将《科学素质纲要》纳入有关规划计划,制定政策法规,加大公共投入,推动《科学素质纲要》的实施。社会各界各负其责,加强协作。这意味着政府部门应在立法、制定政策、制定战略规划、投入经费等方面切实承担起做好科普工作的职责。

(3)做好科普是全社会的共同责任。全民科学素质行动计划纲要(2006—2010—2020年)明确指出,推动科普工作要"全民参与",即公民是科学素质建设的参与主体和受益者,要充分调动全体公民参与实施《科学素质纲要》的积极性和主动性,在全社会形成崇尚科学、鼓励创新、尊重知识、尊重人才的良好风尚。"全球化背景下的国家竞争力取决于国家创新能力;创新能力增强必须有高素质的国民,国民科学素养的提高至关重要。"[2]因此提高科学素质是每个公民应尽的责任和义务。

4.1.2 加强顶层设计

"顶层设计"一词出现在国家政策层面是2010年10月党的十七届五中全会关于"十二五"规划建议在强调全面推进各个领域的改革时,提出了要"更加重视改革顶层设计和总体规划"的理念。"顶层设计(Top－Down Design)是源于自然科学或大型工程技术领域的一种设计理念。这一理念在社会科学领域的应用,就是主张自上而下地设计总目标、分目标、子目标,让改革具有系统性,能协同推进。"[3]

顶层设计意味着国家层面系统规划、全面统筹,整体性地推动一项工作。加强顶层设计,可以从全国一盘棋的角度出发,总揽全局、统筹兼顾,既避免不同方面相互冲突,又可以使实施方案具有权威性,从而增强工作的全面性、协调性和推动力度。加强顶层设计,还可以在全国范围内积极营造有利于校园气象科普工作的良好氛围。

但是顶层设计并不意味着地方自主性的消失。"顶层设计,设计的不是细枝末节,而是方向、决心、勇气和智慧。简单地将顶层设计等同于理性建构主义、等同于否定地方和基层的积极性、否定人民群众的首创精神,实际上是简单的望文生义。"[4]近年来全国中小学校园气象科普之所以能够越办越好,就是得益于顶层有规划、有组织,基层有主动、有创新。

4.1.3 科普与教育融合

学校是中小学生教育的主要渠道与主要阵地,因此推进中小学气象科普必须充分发挥学校的作用。而目前,学校也开始重视利用校外教育资源培养中小学生科学素养。这为中国气象部门与教育部门的广泛合作奠定了基础。

理解科学、技术与社会的关系是小学科学教育的目标之一,围绕社会重大问题及日常生产生活问题开展教学,是实现这一目标的重要途径。气象科学与社会重大问题——如防灾减灾、应对气候变化等和日常生产生活都密不可分。因此,开展气象科普教育,正可以帮助学生深入理解科学、技术与社会的关系。

互动体验式的学习方式可以激发学生的学习兴趣。围绕气象开展的观测等科普活动,操作性强、变化性强,是非常难得的可以让学生参与并操作的学科。再有,气象科学知识非常贴近日常生活,而学校课堂教学的特点是注重基本原理,与社会现实相联系较少,允许学生动手操作的机会较少,气象科普正可以弥补课堂教育的劣势。科普与教育融合,优势互补。

多样化的课程有利于培养学生的创造性想象力。“创造性想象力是创造潜能中最重要能力之一。创造性想象是根据一定的目的、任务,在人脑中独立地创造新事物的心理过程。”[5]有创造性想象力,才能提出新问题和新的可能性,才能真正实现科学进步。“中小学阶段是学生创造性想象力快速发展和创造性想象力发挥的关键时期。”[5]科学研究显示,丰富多样的课程设置,以及多组织学生参加课外活动、体验活动都有助于激发和培养学生的创造性想象力。将气象科普纳入校本课程,并组织学生参加气象科普活动,对培养学生的创造性想象力大有裨益。近年来参加气象科普教育的学校与学生在科技项目与科技论文上屡获殊荣,正是这一点的明证。

4.2 实践层面的思考与创新

将全国校园气象科普可持续推进向前发展,应当加大部门广泛合作、学校合作,充分调动及利用部门内外资源共同推进全国校园气象科普工作;应当加强对气象科普工作的过程跟进与效果评估,保证开展的工作落到实处、见到实效;应当充分利用新兴的网络技术,将现有资源与人员有机联系起来,并调动一切可以调动的社会资源,将校园气象科普推向智能化。

4.2.1 构建全国中小学气象科技教育活动联盟

建立有国家、省、市、县四级组成的校园气象科普组织结构。气象部门结合气象事业发展五年规划的编制,将校园气象科普的发展规划作为一项重要的内容之一,列入各级气象部门的五年规划中,用规划指导校园气象科普的中长期推进,建立长效常态机制。组建由气象部门、教育部门、青少年科技活动指导、学校校长组成的全国中小学气象科技教育活动联盟,统筹指导各地的校园气象科普工作。

联盟依托的气象科普平台及窗口有国家级的“一刊一报一网一馆”,即气象知识校园专刊、《中国气象报》每周有校园气象园地科普专栏或者每两个月出一期校园专版、校园网(微博、微信)、中国气象科技展厅。还有地区级的各地全国气象科普教育基地—示范校园气象站等。

联盟的主要工作内容包括三方面。

(1)建立校园气象科普教学、实践创作作品资源库。建立实践活动教材体系,包括《气象科普教学大纲》《学前儿童学气象》《小学气象课程》低年级和高年级两册、《中学生气象课程》两册;《气象活动科技老师用书》(小学、初中)两册;按照教学大纲要求开发完善老师上课用的教学课件;与相关学科老师联系,开展气象知识嵌入式教学。

(2)开展科普活动。包括全国校园气象知识大赛,全国校园气象“动漫”设计大赛,全国中、小学气象科普论文评选,全国小学生“我心中的蓝天”气象绘画评选,全国中小学气象科普教学 PPT 大赛和学生气象科普宣传演讲比赛(说明:让学生成为气象科普宣传一员),全国中小学气象科普教学课本评选,全国中、小学气象科普创新成果大赛(新教案、新实验、新教具、新实践等);组织、指导“校园气象科技探究实践系列活动”,并对探究成果进行评比;组织全国性校园气象科技创新大赛,并将获奖的作品推荐到中国科协举办的“全国青少年科技创新大赛”中。

(3)开展会员交流培训活动。包括部委合作(教育部、中国气象局、中国科协、共青团中央)创立校园科普论坛;举办校园气象科普“专家”聊天室;逐步建立观摩课教程,即建立“校园气象科普教育空中课堂”,定期开课;建立“校园气象科普教育专家库”,专门研究校园气象科普教育的历史、现状、内涵、方向、渠道、方法、措施、模式等;组织、研究和推广全国性“校园气象科普教育校本教材”开发;校园气象指导老师培训;校园气象科普经验交流座谈(组织机构、教师)。

4.2.2 构建全国校园气象科普评估体系

“科普评估就是运用定量和定性相结合的方法,借助系统科学的评估指标,参照客观合理的评价标准,由不同的主体对不同的科普管理客体的项目绩效、管理水平、产生效果、社会效益和持续性等进行科学、客观、公正的考核与评价，从而促进被评估单位提升科普工作管理水平和效果的一系列科普管理活动的总称。”[6]

建立科学规范的科普评估体系，对促进校园气象科普发展有着重要意义。首先，评估可以增强校园气象科普参与组织的自觉性，主动追求科普工作效益的提升和科普管理效能的提高。其次，评估可以加强对校园气象科普的导向性，将科普工作整体引导到评估绩效上来。最后，评估可以有效规范校园气象科普工作。评估体系可以彰显科普发展的科学理念，可以明确校园气象科普工作的规则、尺度和标准。

评估体系应当包含三个子模块，即战略规划评估、科普项目评估、组织能力评估。战略规划评估主要评估校园气象科普组织的发展方向和发展战略，评估因素包括外部环境因素（运行环境、行业发展前景、政策法律、文化观念、生活习惯、消费倾向、价值取向）和内部因素（组织结构、人力资源、运行机制、管理方式、组织文化、机制创新、组织的长期稳定程度、发展能力等）。科普项目评估主要评估科普活动的效率与效益，评估因素包括科普投入（基础设施、科普机构和人员比例、国家资金投入、社会资金投入等）、项目组织与实施（建设周期与时效、项目管理规范性、项目宣传）、活动方式（创新方式、示范性、活动参与人次、活动规模大小、项目有效利用等）、产出效果（社会效果、文化效果、生态效果、组织受益、受众满意度、社会各界评价等）。组织能力评估主要评估校园气象科普机构自身能力，评估因素包括组织的基本资源、组织结构、组织的社会资源网络与筹款能力等[6]。

建立全国校园气象科普评估体系，首先应在开展校园气象科普科学探究的学校建立学生档案，随后参照上述评估因系、以系统理论思想和数理统计分析方法为基础、有机结合理论方法与实际应用，建立一套科学规范的科普评估指标体系。

4.2.3 构建智能校园气象体系

在现代信息技术高速发展的时代，推进中小学校园气象科普发展应该架构校园气象科普“互联网”，利用最先进的信息通讯基础设施，建设覆盖全国的校园气象科普网络社区，引导气象科普教育走进智能时代。充分利用自动气象站、校园电视网络、校园气象网、校园气象终端显示屏等信息化工具，发布气象科普信息，提供学生、老师、家长联动的网络社区。开发气象科普手机应用软件，用多媒体形式开展气象科普，从而将气象科普教育从学校推向社会，产生更大的社会效益。

参考文献

[1] 居云峰. 中国科普的六个新理念[J]. 科普创作通讯，2009(4)：2-7.

[2] 陈鹏. 新媒体环境下的科学传播新格局研究——兼析中国科学报的发展策略[D]. 合肥：中国科学技术大学工商管理学院，2012.

[3] 孙世鳌. 政治学视角下的顶层设计：理论回顾与前瞻[J]. 陕西行政学院学报，2013，**27**(1)：10-14.

[4] 陈家刚. "顶层设计"之辨[J]. 人民论坛，2012(6)：6-7.

[5] 陈玲，张会亮，李秀菊，等. 青少年创造性想象力培养理论与实践[M]. 北京：中国科学技术出版社，2013.

[6] 张风帆，李东松. 我国科普评估体系探析[J]. 中国科技论坛，2006(3)：69-73.

打造气象教育创新联合体
建立校园气象科普新模式

徐建中　王坚捍　洪芳玲

（上海市宝山区气象局，上海 201900）

摘要：本文阐述了上海的气象科普进校园活动，在宝山创新建立“气象科技教育联合体”并且提出了：打造气象教育联合体、建立校园气象科普新模式，并积极向全市进行推广。2010年由宝山区气象局、区教育局、区科协、区少科站和宝山9所学校，共同发起成立了“宝山区中小幼气象科技教育创新联合体”，积极整合社会资源、发挥各自资源优势，探索基层气象科普新模式。活动形式上多样化：举办主题活动，吸引更多学生关注气象；设立教学基地，拓展“联合体”学生视野；举办高端论坛，探索可持续发展模式；展示气象文化，为气象科普注入文化内涵；联合编制教材，开设校园气象公开课；指导学生论文，组织参加青少年创新大赛；尝试新型跨地区联动，实现气象科技教育零距离等。通过气象科普教育联合体的建立，推动了全市气象科普进学校，使气象科普活动得到社会广泛关注，并且取得显著的社会成效。

1　打造气象科技教育联合体，建立校园气象科普新模式

气象科普工作一直以来得到了气象部门各级领导的重视，提出了要按照“业务化、常态化、社会化、品牌化”发展，融入到气象业务服务之中的要求。上海的气象科普进校园活动，在及时总结宝山创新建立“宝山区中小幼气象科技

教育创新联合体”经验基础上，提出了：“打造气象教育联合体、建立校园气象科普新模式，并积极地向全市进行推广”，开创了“发挥主体优势、运用社会资源、运行机制创新、科普活动长效”的校园气象科普新局面。

2009 年 5 月中国气象局局长郑国光在视察宝山区气象局和时任宝山区委书记吕民元共同倡议：在宝山建设“气象特色学校”和“气象科普教育基地”。

2010 年 6 月由宝山区气象局、区教育局、区科协、区少科站和宝山 9 所学校（现已发展为 15 所）共同发起成立了“宝山区中小幼气象科技教育创新联合体”（下称：联合体）。联合体成立后，以气象科普馆为核心，依托区科普教育基地联盟，积极整合社会资源、发挥各自资源优势，创新科普活动形式，提升气象科普内涵，为联合体师生提供一个培养未来科技创新人才的学科教学平台。

2　创新工作主要内容

联合体通过机制创新、模式创新、内容创新、活动创新，积极拓展校园气象科技教育和科普活动平台，充分利用社会各类资源共同开展基层气象科普。

2.1　组织机构

创新气象科普组织，整合相关资源。联合体设立了校长委员会、专家委员会和教研团队，分别负责“联合体”的日常管理、教学指导和课程教育。共同拟定年度计划，策划、组织、实施相关主题活动。联合体学校已覆盖高初中、小学及幼儿园共 15 所学校，实现全学段覆盖贯通。

2.2　运行模式

创新气象科普运行机制，规范日常运行管理，为可持续发展奠定基础。联合体以气象台站和气象科普馆为教学实践基地，并加入“区科普教育基地联盟”，科技教学实践基地拓展到区所属的 15 个科普教育基地场馆。开展了以气象科普为核心，包括河口科技、环保、艺术等在内的科技文化启蒙教育，有效拓展了联合体学生的视野和知识面。

联合体实行会员制，制定并通过了联合体章程，提升了成员学校的积极性。在气象部门的主导下，按年度计划，在专家小组的指导下，依托区教育部门和区少科站，由学校教研团队负责日常气象科技教学与气象科普活动。共同策划、实施各类气象主题活动。

联合体还建立了“校长联席会议”制度，由区气象局、区教育局、区科协、区少科站和各成员学校校长共同组成，定期开展教学交流、确定工作重点、明确发展方向，并共同指导编制适合不同年龄段学生的气象教学教材与模块。

创新贯穿“中小幼”阶段的气象科普教育模式。联合体各成员学校联合编制教材。以罗店中学气象特色学校和高境四中全国气象科普示范学校为核心，突出“特色联盟、兴趣育才、文化育人、多样发展”的教学理念，初步形成了各具特色、资源共享的气象科技教育新模式。少科站门户网建立“气象科普”专栏，学生可以通过网络平台直接下载所需的材料，方便校内开展气象科普活动。开设气象公开课，开展校际交流。

图 1　宝山气象特色学校气象公开课

图 2　宝山联合体校长联席会议

2.3　活动形式

2.3.1　举办主题活动，吸引更多学生关注气象

以“世界气象日”“防灾减灾日”“科技周”“科普日”等主题日活动为契机，开展丰富多彩的气象科普活动，如 2010 年上海市科协第八届学术年会宝山分会（暨宝山区中小学气象科技教育创新联合体论坛）、2011 年高境四中承办的“应对气候变化，倡导低碳生活”科普活动、2012 年陈伯吹幼儿园的“天气、气候和水为未来增添动力”主题活动；2013 年 9 月 14 日上海市全国科普日气象科普活动主会场活动在宝山气象局隆重举行，以“高空大气的气象要素探秘”为主题，举行了“我与专家一起看云识天气”；2014 年宝山区全区中小学气象防灾画报创意设计与评比等活动，深受师生欢迎。

图 3 宝山联合体气象防灾七巧板比赛

图 4 宝山联合体成员学校气象公开课

2.3.2 设立教学基地，丰富“联合体”学生视野

自 2010 年设立气象科普教学实践基地以来，每年有近两千多名不同学龄段的学生在实践基地开展了教学实践活动。

2011 年借鉴世博气象馆服务理念，气象局自主投资建设了“小球大世界”，提升气象科普教学科技含量；开展了让“联合体”学生体验天气播报活动，深受师生喜爱。

2.3.3 举办高端论坛，积极探索可持续发展模式

2011 年 12 月，宝山区气象局承办了“上海市科协第九届学术年会宝山分会暨 2011 上海中小学气象科技教育创新学术论坛”（上海市前沿高端重点学术项目），共同探讨气象科技教育可持续发展。

图 5 宝山联合体教学基地签字仪式

图 6 气象科普教学基地科普教学活动

2.3.4 展示气象文化，为气象科普注入文化内涵

“联合体”学校还通过展板、自制作品（如气象木刻、学生防灾创意小画报）

等形式，展示与气象文化密切相关的名人名言、气象谚语、防灾理念。逐步建立有教学特色的气象视频资料库，展示多样化的气象文化历史和现代气象的发展。

图 7　宝山联合体学生气象文化作品

2.3.5　联合编制教材，特色气象科普教学初见成效

“联合体”指导学生开展气象小课题探究。通过小课题探究来激励学生对身边的气象现象的深入思考，提升其对气象的兴趣和了解。如：气象原理探究、世博场馆设计中的气象元素等；高境四中还以二十四节气为气象科普主线，完成了二十四节气科普教材的编写。

2.3.6　指导学生论文，组织参加青少年创新大赛

“联合体”每年组织、辅导有基础学生参加“上海市青少年科技创新大赛”，2012—2014 年连续三年获二等奖和大赛特别奖。组织学生参加气象与生活小课题活动。

2.3.7　尝试新型联动，实现气象科技教育零距离

2012 年 5 月联合体共同开展了“5·12 防灾减灾日”视频连线活动。通过视频连线，邀请了西藏自治区气象局、深圳市气象减灾学会、南京解放军理工大

学等专家对活动进行远程观摩，实现了“一方指挥、多方联动、视频观摩、经验共享”的创新活动开展方式。

2.3.8 转变推广方式，拓展气象科普宣传与展示

在世界气象日组织联合体师生共同上街宣传气象科普，以联合体为核心2013 年和 2014 年开展小主人报、少年报小记者气象知识培训与采访。将气象科普受众体转变为气象科普宣传源。2014 年联合体气象科普参加了国家教育部组织的“蒲公英之花，校外成果巡礼”展示活动。

图 8　少年报记者气象科普培训

图 9　联合体师生上街宣传气象科普

3　取得的成效

3.1　通过气象科普教育联合体的建立，推动了全市气象科普进学校

(1)与市教委一起将气象防灾减灾列入了上海市《中小学公共安全教育》课本，列为相关年级的必读课；

(2)推动了气象灾害实训体验纳入上海市公共安全实训基地的建设项目中。项目占地 60 亩，建筑面积约 3 万平方米。

(3)推进市气象局与市教委等部门每年联合举办上海市中小学师生识险、避险、自救、互救知识技能展示活动，推动中小学安全教育不断向规范化、常态化和普及化方向发展。该项活动涉及到全市 17 个区县的上百所学校参加。

(4)建立和培养了一支气象科普队伍专家库和专家队伍。2012 年有四位专家被市科普联席会议办公室聘为科普专家。同时，宝山区吴淞中学成立上海市第一支学生气象科普与防灾宣传志愿者队伍。

图 10　宝山吴淞中学气象防灾宣传志愿者队伍

3.2　推动了中小学积极开展气象科普工作

目前联合体成员学校已覆盖宝山区高初中、小学及幼儿园共 15 所学校，实现全学段覆盖贯通，宝山罗店中学气象特色学校完成一期观测实践基地建设，正在开展二期校园教学平台建设。同时也带动了全市的"全国气象科普基地—示范校园气象站"创建活动。普陀区恒德小学、宝山区高境第四中学、嘉定区南苑小学被评为全国气象科普基地—示范校园气象站。第二批五个示范新学校将于年底全面完成。

3.3　推动了气象科普进学校教材，建立了以教材为核心的气象科普长效机制

气象科技教学突破了一般气象科普教育只停留在气象观测层面的局限，完成了二十四节气科普教材的编写。一些学校根据各自实际编制了《气象与生活》《气象探究》等气象知识校本教材，开展第二课堂活动。

3.4　指导学生论文，组织参加青少年创新大赛

参加"上海市青少年科技创新大赛"。连续两年获得优秀成绩；2012 年 4 月小论文《谚语"干冬湿年"的上海气象资料研究与考证》获"第 27 届上海市青少年科技创新大赛"二等奖，并获得美国气象学会设立的"杰出成就奖"。2013 年 4 月小论文《上海四季更替日期的分析与研究》获"第 28 届上海市青少年科技创新大赛"二等奖和"小院士奖"。2014 年 2 月小论文《宝山地区雾霾天气特征及其影

响下的空气主要污染物分析》获“第 29 届上海市青少年科技创新大赛”二等奖。

第27届上海市青少年
科技创新大赛

青少年科技创新成果
获奖证书

获奖等级：二等奖

上海市青少年科技创新大赛
组织委员会

上海市科学技术协会
上海市教育委员会
上海市科学技术委员会
上海市环境保护局
上海市绿化和市容管理局
上海市知识产权局
上海市体育局
共青团上海市委员会
中国福利会
上海市妇女联合会
上海市教育发展基金会
上海科普教育发展基金会
上海科技发展基金会
上海市科普基金会
上海科技馆
上海市浦东新区人民政府

图 11　上海市青少年科技大赛二等奖

3.5　气象科普活动得到社会广泛关注

对联合体的成立,《解放日报》《文汇报》《新民晚报》《中国气象报》、中国气象局网站、《气象知识》、新浪网、腾讯网,《上海科技报》、宝山电视台等媒体相继报道,充分肯定“联合体”在校园气象科普工作中的创新做法,其社会关注度不断上升。

相关报道:

报道之一

科普爱好者与专家一起看云识天气　全国科普日气象主题活动受欢迎

日期:2013－10－17　浏览次数: 16 次

9 月 14 日,2013 年上海市全国科普日暨气象业务工作区对公众开放主会场活动在宝山气象局隆重举行。本次活动以“高空大气的气象要素探秘”为主题,通过预约报名,来自社会各界的 60 余位市民参加了活动。

大家现场参加了“我与专家一起看云识天气”的活动,实时观摩了高空探测的全过程,饶有兴致地提出了许多感兴趣的问题,气象探空工作人员详细解答了探空的原理、获取分析高空气象要素、信息的过程,以及对气象预报的意义。

市民们还参观了宝山国家基本气象站、宝山国家探空站、宝山气象科普馆,与宝山气象科普基地联盟师生进行了科普互动，听取了来自上海市气象局的气象观测专家现场做的“云—天气变化的空中语言”的专题科普报告。

活动结束后，大家恋恋不舍地在观测场拍照留影，纷纷表示，以后要是有这样的活动还要报名参加。

据悉，为进一步宣传普及气象知识，引导公众关心气象、理解气象和应用气象，今年全国科普日活动期间，上海市气象局提前下发了通知，要求各气象台站和气象科普基地都提前做了开放、接待的准备。（赵朔 徐建中）

图 12　与专家一起看云识天活动

报道之二

“全国气象科普校园行”活动在上师大附属罗店中学举行

发布时间：2013 年 4 月 1 日　点击：304 次

审核时间：2013 年 4 月 1 日　责任编辑：王瑾

近日，“全国气象科普校园行”活动在上师大附属罗店中学举行。中国气象学会、上海市气象局、宝山区少科站等相关同志参加了活动。

上师大附属罗店中学首先作学校气象科技教育特色创建和发展的介绍，并对下半年将要举办的气象科技教学展示活动计划进行汇报。中国气象学会的林方曜老师代表国家气象局赠送了气象科普光碟和挂图等资料，勉励同学们要学好气象知识，把气象知识更好的应用到生活中。上海气象学会徐建中老师对学校气象教育工作给予了肯定，并对学校下阶段的气象活动提出了更高要求。会后领导及专家一行在学校气象社团学生的陪同下参观了罗店中学的气象观测场，进行了现场技术指导。并希望我校能利用好观测场的观测数据，为今后更好的开展气象研究工作打下坚实基础。

基于可持续发展的气象科普创新课程的实践探索

上海市气象学会　普陀区恒德小学

1　研究的背景和意义

1.1　提出的背景

气象与人类生活、经济生产、社会发展息息相关，随着经济社会的不断发展，人们也越来越关心气象、关爱环境、关注生活质量的提升。普及气象科学、保护大气环境知识，对于增强全社会防灾减灾意识，保障人民生命财产安全，建设生态文明，实现可持续发展具有重要作用，气象科普也是提高公民科学素质的重要渠道。

气象科学是与人们关系最为密切的身边科学，因此气象科普活动历来被人们所重视。尤其是对青少年和中小学校园所实施的气象科普活动，历史最为久远，对象最为广泛，方式最为多样。通过中小学校园气象科普活动，传播科学知识、弘扬科学精神、提高防灾减灾的意识与能力、树立生态文明的理念，为学生的可持续发展奠定科学素养、人文素养的根基。

课程是学生在校的全部学习生活，只有将气象科学知识编入课程，才能保证气象科普的有效落实，才能让小学生接受有目的性、有针对性的系统教育。《基础教育课程改革纲要》中指出："要改变课程结构缺乏整合性和课程内容过于注重书本知识的现状，加强课程内容与学生生活和现代科技发展的联系，关注学生的学习兴趣和经验"。学校寻找到气象科普与校本课程开发的结合点，立足于对气象与生活关系的关注 、促进学科融通以及课堂学习与社会实践相结合三方面的考量，提出了开发与实施"基于可持续发展的气象科普创新课程"的设想，与《基础教育课程改革纲要》的精神相吻合。这是对新课程改革的有益尝试，同时，也是对国家课程与地方课程的有益补充，具有一定的实践与理论价值。

恒德小学是全国气象科普教育基地——示范校园气象站、上海市气象科普特色学校，自2007年建立“七彩星”气象站，历时7年，精心打造气象科普教育品牌活动，已成为在上海市乃至全国有一定影响力的气象科普特色学校，营造了校本课程开发与实施的良好环境，上海市气象学会、嘉定区气象局、普陀区青少年中心作为学校气象科普教育的指导单位，也为学校校本课程开发提供了有力的专业支持。

鉴于以上认识，我们确立了课题《基于可持续发展的气象科普创新课程的实践探索》，并对课题研究进行了条件分析与可行性分析，确立了研究方法与手段，制定了研究计划与步骤。

1.2 研究的意义

(1)探究学校中“可持续发展”教育的途径、方法，为区域学校开展“可持续发展”教育，提供可供参考的有效范式。

(2)有利于形成学校的办学特色，满足“个性化”的学校发展需求，满足学生生存与发展的需要。

(3)增强教师课程开发的意识与能力，提高科研水平。

1.3 概念界定

1.3.1 可持续发展

可持续发展是建立在社会、经济、人口、资源、环境相互协调和共同发展的基础上的一种发展，其宗旨是既能相对满足当代人的需求，又不能对后代人的发展构成危害。

1.3.2 气象科普创新课程

是以课程教学为主要途径，以普及气象科学知识，传播科学思想，弘扬科学精神，倡导科学方法为主要任务，以创新精神培养，防灾减灾的意识与能力提高为价值追求的校本课程。

2 课题研究的设计思路

2.1 研究的目标

2.1.1 打造典型的学校科普教育校本课程特色模式

以气象科普实践园的创建为支点打造学校科技教育氛围，将气象科普教育发展成为学校特色教育支撑点，形成校本课程的办学特色，并使其成为可持续发展教育的新的生长点。

2.1.2 探索实施气象科普创新课程的有效途径方法

设计出较完善的符合教育教学规律和社会发展趋势，适合小学生年龄特征的气象科普教育实践活动的整体目标，构建出一套灵活开放的气象科普创新课程教学策略和科学全面的评价体系。

2.1.3 构建具有我校特色的气象科普创新课程资源

编写适应小学生年龄特征及生活实际的气象科普校本课程教材，制订以文本为载体的校本课程标准、课程实施纲要等教育教学配套材料。通过气象科普创新校本课程实施，培养学生的科学素养、创新精神和时间能力，促进学生个体的全面、自主发展。

2.2 研究的内容

(1)《基于可持续发展的气象科普创新课程》的实施环境与条件研究

(2)《基于可持续发展的气象科普创新课程》的整体架构与开发研究

(3)《基于可持续发展的气象科普创新课程》的有效实施与评价研究

2.3 研究的方法

本课题研究主要采用的研究方法：

(1)调查研究法：搜集有关气象科普类校本课程开发的现实应用状况和发展水平，通过对其系统的调查，和对所搜集到的资料进行分析、综合、比较、归纳，最终得出有关校本课程开发与实施的规律性的知识和结论。

(2)行动研究法：与实施课程开发的一线教师和应用者密切接触，并对实践数据、资源案例等进行分析和反馈，在研究中行动，持续改进研究质量。在研究实践中通过行动与研究的结合，应用教育理论去研究与解决不断变化的实践问题，从而提高研究水平，改善实践成效。

此外本课题研究还结合其他一些研究方法：

(1)文献查阅法：对国际和国内有关专业期刊文献或书籍进行分析，把握其研究焦点与特色，找出对本研究有意义和可参考的数据

(2)经验总结法：对在实践中搜集的材料全面完整地进行归纳、提炼，进行定量和定性分析，采取阶段性总结(中期评估)与实验性总结(结题总结)相结合的方法推进课题实施。

3 研究过程及收获

3.1 研究过程

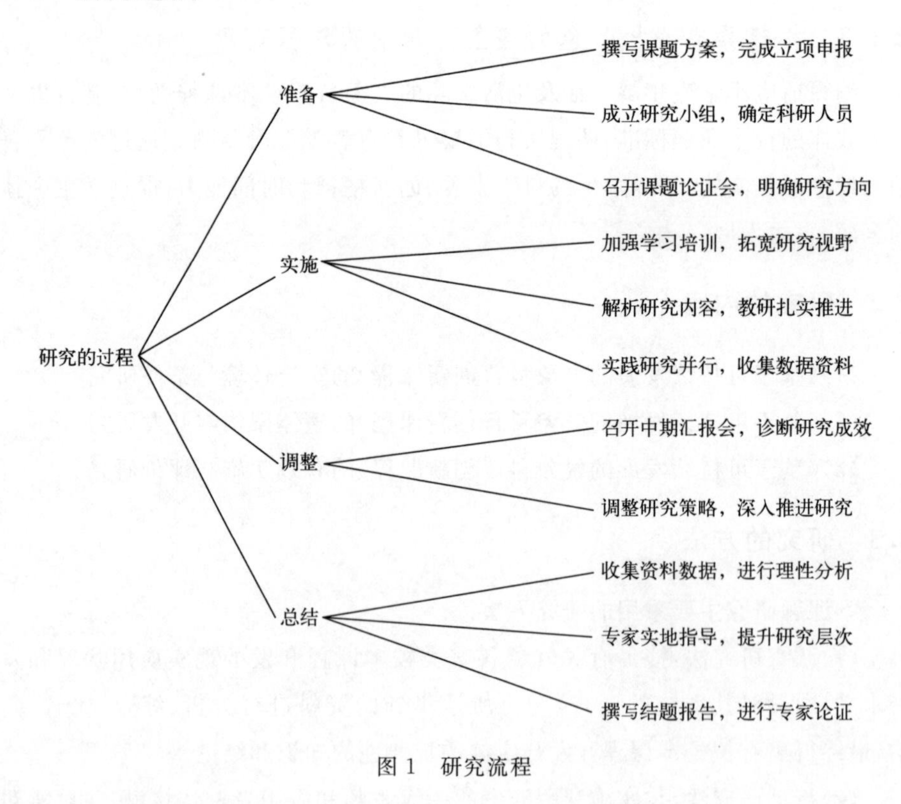

图1 研究流程

2013 年 3 月 27 日“气象科普创新实践园”论证会

2013 年 3 月 27 日上午，恒德小学召开“气象 E 时代 教育新天地——全国气象科普校园行”活动暨恒德小学第七届气象节，周卫萍校长向与会领导、专家介绍了“气象科普创新实践园”的建设方案，与会专家认为：学校整合原有科普资源，提出了“气象科普创新实践园”的建设项目，是深入推进素质教育，打造气象环保教育品牌的一项重要举措，为其他区县校园气象站的建立、科普教育的开展提供了很好的范例。赵平副局长勉励学校将将气象科普创新实践园”建设成为推动学校特色发展的有力支撑，把“气象科普”打造成品牌，进一步发挥资源辐射作用，为普陀教育作更大贡献。

2013 年 11 月 27 日　参与上海市校本课程展示活动

2013 年 11 月 27 日，学校代表普陀区参与上海市小学校本课程展示活动，学校气象创新课程——拓展、探究分册，以及部分学生作品陈列展出。

2013 年 12 月 26 日　参与普陀区精品特色课程评比

2013 年 12 月 26 日，学校参与普陀区小学精品校本课程评审科学系列现场评审，学校向评审组专家介绍了《气象科普创新课程》的课程设计理念及案例，并回答了专家的提问，专家认为学校气象校本课程特色明显，专业性强，具有较高的推广价值。

2014 年 3 月 23 日《气象科普创新课程》论证会

2014 年 3 月 23 日召开《气象科普创新课程》论证会，中国气象局公共气象服务中心科普部、气象出版社、上海市气象学会等专家和有关人员应邀参加，专家认为：恒德小学《气象科普创新课程》，以德育为核心，强化防灾减灾的科学精神和人文精神的培养，将气象科普与生命教育、学科教育相结合，是学生“学气象、研气象、用气象”的有力载体。是一套融知识性、科学性、趣味性于一体的好教材，很适合小学中高年级学生的学习与教育。

3.2 研究收获

3.2.1 顶层设计、筑高平台——优化课程的实施环境与条件

学校依据《气象科普创新课程》实施的需要，提出了“气象科普创新实践园”的建设构想，参加并通过了“上海市第二轮创新实验室案例”评选，借此机会，学校精心打造“气象科普创新实践园”，为《气象科普创新课程》的全面实施，以及

学生创新素养培养打造更高的发展平台。

"气象科普创新实践园",是一个以气象科普为核心,集课程教学、实践活动、社团建设于一体的创新实验室。包括了"气象观测场、科普体验馆、校园气象台、网络教学室、成果展示厅、环保生态区"等六大区域,内容以气象科普创新实践课程为主线,融入气象观测、会商、预报、发布等元素,旨在为学生全面、个性化发展和创新素养培养打造更高的发展平台。其价值不仅在于气象知识的获取,更重要的是让学生经历体验、探究的过程,增强防灾减灾的意识与能力,从小确立可持续发展的观念,在小小的气象园地里自主学习、快乐发现。

表 1　气象科普创新实践园功能与特色

实践园区	功能	特色
气象观测场	人工站侧重观测、记录数据;自动站提供较准确的数据	掌握观测方法,获取知识与情感体验;通过人工观测与自动站数据比对,开展小课题研究
科普体验馆	认识气象仪器,了解功能;通过天气变化模型的观摩与体验,直观了解天气现象	从感性认识上升到理性知识,促进气象知识的普及,对外开放,发挥资源辐射作用
校园气象台	模拟天气预报场景,进行直播或录播	采用用个性化方式播报天气;掌握"摄、录、编、播"等综合器材的使用方法,尝试制作视频课件、电视节目,激发兴趣及潜在的创造力。
网络教学室	兼顾气象工作室及课程教学功能	通过多媒体互动,使课程教学更有效
成果展示厅	展现学校气象科普历程、成果	采取"动态化"设计,陈设经常更新,突出学生作品及研究成果
环保生态区	作为学生课程教学、科技创新活动的主要场所	营造绿色、生态的校园氛围,创设景观文化,传播绿色环保理念

3.2.2　两线并进、形成体系——推进课程的整体架构与开发

课程名称:气象科普创新实践课程

1. 明晰课程目标

知识与技能

(1)通过学习气象基本知识,理解气象与生活的关系,尝试将学到的知识应用于生活。

(2)通过持之以恒的观测，掌握一定的方法，正确记录数据，成为合格的小气象员。

(3)通过探究活动，运用气象知识解决实际问题，提高科技素养。

(4)通过气象模型小制作、环保创想画等活动，培养创新思维。

过程与方法

经历气象观测、记录、数据整理、会商、分析、预测、发布的过程。在社区中开展考察、宣传，将知识、技能服务于社区居民。

情感态度价值观

(1)塑造持之以恒的良好品性，体会分工协作的重要性。

(2)激发对气象科学的兴趣，培养节能环保意识，自觉传播绿色理念，践行绿色行为。

(3)培养问题意识及探究能力，激发潜能及创造力。

2. 确定课程内容

(1)气象科普拓展课

整册教材以以灾害性天气的认识、防御为主要内容，以认识预警信号为主线，以增强抵御灾害、自我保护的意识与能力为主要教学目标。分为准备期(2课时)、主体单元(11 个单元 22 课时)、综合实践活动(6 个项目 12 课时)三个板块，共计 36 课时。本课程内容以主体单元为重点，辅以“小资料”“知识窗”“小调查”“猜一猜”“说一说”“想一想”“找一找”“评一评”“动动手”“考考你”等多种形式，融知识性、趣味性、实践性为一体，倡导并培养学生自主、合作、探究的学习方式。

表 2　气象科普拓展课程安排

	教学内容	教学目标	课时
学习准备期	气候变化	感受生存环境的美好，体验身为地球人的自豪。 了解天气与气候的不同，知道常见的灾害性天气现象，以及气候变化的原因。增强抵御灾害、自我保护的意识与能力。	2
第一单元	雪	1. 了解雪的形成，等级分类，感受降雪的好处与害处。 2. 了解暴雪四级预警信号，知道防御的措施。增强增强抵御灾害、自我保护的意识与能力。	2

续表

	教学内容	教学目标	课时
第二单元	台风	1.了解台风的形成，等级分类，移动路径，感受台风所带来的益处与害处。 2.了解台风四级预警信号，能说出防御的措施。增强增强抵御灾害、自我保护的意识与能力。	2
第三单元	霾	1.了解霾的形成，与雾的区别，感受霾的危害。 2.了解霾的二级预警信号，能说出防御的措施。增强抵御灾害、自我保护的意识与能力。	1
第四单元	龙卷风	1.了解龙卷风的形成。 2.能说出防御的措施。增强抵御灾害、自我保护的意识与能力。	1
第五单元	雷电	1.了解雷电的形成，感受雷电的危害。 2.了解雷电的预警信号，能说出避雷的措施。增强抵御灾害、自我保护的意识与能力。	3
第六单元	寒潮	1.了解寒潮的形成，感受寒潮对生产与生活的危害。 2.了解寒潮的预警信号，能说出防寒的措施。增强抵御灾害、自我保护的意识与能力。	3
第七单元	高温	1.了解高温的形成，感高高温对生产与生活的危害。 2.了解高温的预警信号，能说出防高温的措施。增强抵御灾害、自我保护的意识与能力。	2
第八单元	大风	1.了解大风的形成，感大风的危害，感受风能是人类可以利用的自然资源。 2.了解大风的预警信号，能说出防风的措施。增强抵御灾害、自我保护的意识与能力。	3
第九单元	冰雹	1.了解冰雹的形成，感受冰雹的危害。 2.了解冰雹的预警信号，能说出防御的措施。增强抵御灾害、自我保护的意识与能力。	1
第十单元	暴雨	1.了解暴雨的形成，感受暴雨的危害。 2.了解暴雨的预警信号，能说出防御的措施。增强抵御灾害、自我保护的意识与能力。	2

续表

	教学内容	教学目标	课时
第十一单元	雾	1. 了解雾的形成，感受雾的危害。 2. 了解雾的预警信号，能说出防御的措施。增强抵御灾害、自我保护的意识与能力。 3. 积累相关民间的谚语。	2
综合实践活动	我的体验——气象成语	知道气象成语是人类与大自然和谐相处，千百年积聚下来的文化财富。感受中华语言文字的魅力。 通过找一找，探一探等活动积累一些气象成语，了解气象知识，激发学气象的兴趣。	2
	我的设计——气象观察日记	1. 学会如何写气象观察日记。 2. 知道自然界存在的一切现象都是自然观察的资源，培养注意观察、探究的意识。	2
	我的设计——气象生活指数	1. 知道人们的生活与气象息息相关。 2. 通过气象生活指数的设计，提高和加深对气象条件的感受和认识，激发学习兴趣，挖掘学习潜能。	2
	我的设计——气象符号	1. 认识气象符号，会用气象符号记录天气变化，激发学习兴趣。 2. 培养想象力和创造力，以及合作学习的能力。	2
	我的设计——气象小报	1. 知道许多动植物都能预报天气。 2. 通过小报设计，培养学生收集整理信息的能力，思维与语言表达的能力，激发学习兴趣。	2
	我的创想——未来资源利用	1. 知道我们身边有许多可利用的气象资源。 2. 培养思维能力和创造能力。	2

气象科普探究课

该课程以小学 3～5 年学生为对象，以气象绘画、气象摄影、气象实验、气象发现、气象调查为线索，通过一次次实践活动的体验，让学生感受气象与生活的息息相关，培养合作的意识，创造的精神。共计 12 个主题，36 个课时。

表 3　气象科普探究课程安排

年段	课程模块	主题	目标	课时
一年级	气象小绘画	我是小小设计师	1.通过图片，了解学校气象站、气象仪器以及天气图标、气象谚语等。 2.知道天气与生活息息相关，天气预报准确与否十分重要。 3.在画一画中，培养动手能力及一定的思维能力，激发学习兴趣。	4
		我是聪明的小画家	1.通过图片，了解各种天气现象。 2.知道天气与生活息息相关，有一定的关注气象的意识。 3.在画一画中，培养动手能力及一定的思维能力，激发学习兴趣。	4
二年级	气象小摄影	变幻的云	1.学习并掌握一定的摄影技巧，能用相机拍摄各种云。 2.了解云的变幻形态：晴空万里、乌云滚滚、晚霞、火烧云，及与天气的关系。	4
		水的化身	1.学习并掌握一定的摄影技巧，能用相机拍摄"水"。 2.了解水的化身：雨、露、霜、冰、雪，及与天气的关系。	4
三年级	气象小调查	小区居民气象信息需求调查	1.通过访问了解小区居民所关心的气象信息内容，为宣传册内容设计提供依据。 2.能与伙伴合作设计访问提纲、实施访问任务、整理分析信息。	4
		小区防台措施调查	1.初步了解台风的成因，了解台风对人类生活的影响。 2.知道预防台风的一些方法。 3.能够与伙伴合作制作考察计划、实施考察、总结考察收获。 4.通过考察了解小区防台措施的基本情况。	4
四年级	气象小实验	温度的实验	1.了解温度的变化情况并记录。 2.尝试用自制温度计测量温度	2
		风速的实验	1.知道蒲福特风力等级。 2.通过实验，了解风就是空气的运动。	2
		风向的实验	1.知道风向是天气情况中重要因素。 2.能用风向标来测出风的方向。	2
		露点的实验	1.知道露点是指空气中无法容纳更多水汽的某一温度。 2.尝试用一个罐子和一些冰水来测量露点。	2

续表

年段	课程模块	主题	目标	课时
五年级	气象小发现	气象谚语我知晓	1.学习气象谚语，了解气象谚语的产生原因及当时发挥的作用，激发民族自豪感。 2.多途径收集气象谚语，激发探究气象谚语的兴趣，提高信息收集、处理能力。	4
五年级	气象小发现	气象谚语我知晓	1.学习气象谚语，了解气象谚语的产生原因及当时发挥的作用，激发民族自豪感。 2.多途径收集气象谚语，激发探究气象谚语的兴趣，提高信息收集、处理能力。	4
		气象谚语我验证	1.了解全球气候变化和相关气象专业数据，探究科学验证的方法。 2.能与伙伴合作整理分析信息，通过气象数据和传统气象谚语的比对，验证谚语的可信度，并形成探究小论文。	4

3.2.3 整合资源、优化载体——落实有效实施与评价

1. 课程实施

(1)加强三类课程的整合，发挥整体聚合作用

挖掘基础型课程中学生创新素养培养的结合点，将气象科普创新拓展、探究课程的课程理念、教学模式、教学方法和学习成果向基础型课程迁移。

(2)加强对科目的设计，保证课程有序落实

注重调动教师主观能动性，以专家为指导，让教师组团，从科目目标、内容、实施、科目的评价等方面，对实施科目进行整体的设计。

(3)加强资源的整合，实现校内外、区际联动

联络气象专业部门、教育行政部门，争取更大专业指导，依托区域教育联合体“跨校联动”平台，促进校际资源融合，与区内外“气象环保特色学校”结对，共享活动资源。

2. 课程评价

总体评价原则：定性分析和定量分析相结合，静态评价和动态评价相结合，终结评价和过程评价结合，既要重视学生知识的考查，也要关注学生实践能力、创新能力、个性发展等方面的变化和进步；更要关注发展潜能，努力发挥评价的激励和促进功能。除此之外还要对整个课程的适用性和实效性进行评估。

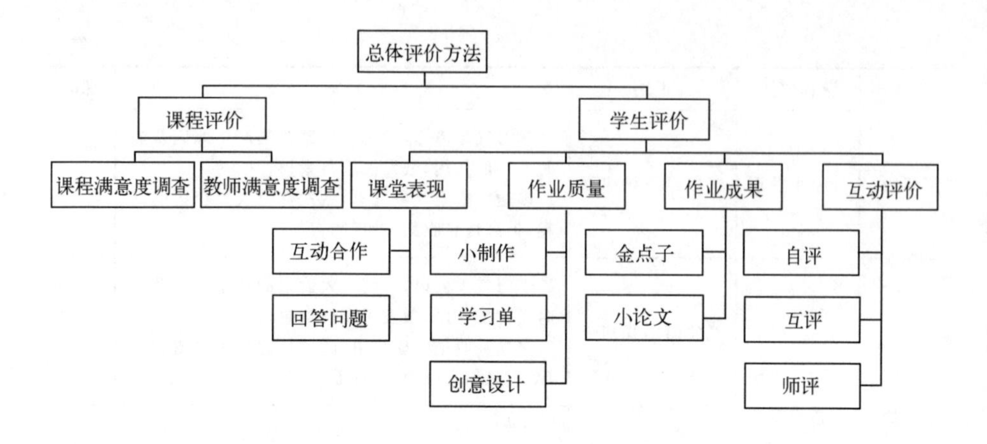

图 2　总体评价方法

3. 优化载体

(1)课程与“七彩”活动融通

学校精心组织各种有益于学生身心发展的气象科普教育活动，在扩大学生的气象知识面，初步掌握一些气象观测的基本方法和基本技术的同时，培养学生的环保意识和创造性思维。

表 4　“气象七彩行”活动设计

活动名称	活动设计	活动目的
观测行动	通过气象观测及数据采集，掌握观测方法，成为合格的“小气象员”	激发兴趣，培养实践能力
探究行动	通过小探究活动，运用气象知识，解决实际问题	学会合作，培养问题意识及探究能力
预报行动	通过数据处理，信息整合，进行天气预测，用个性化方式播报天气	培养信息处理及判断能力，激发个性及潜能
温馨行动	围绕“关注气象、关注环保”的主题，开展“金点子”征集	增强节能环保的意识，激发创造欲望
传播行动	通过气象与环保知识宣传，成为绿色理念的传播者	增强防灾减灾的意识，培养社会责任感。
爱心行动	关注气候灾难，收集可再次利用的物品，募集帮困基金	增强环保意识，培养关爱之心
创想行动	开展气象模型小制作、环保创想画、创新发明设计等活动	激发想象力，培养实践能力

(2)课程与特色项目融合

学校将气象节系列、长周期观察、气象棋牌乐、气象预报等特色想入融入课程教学之中,点燃学生探究气象的激情,为课程注入活力元素。

表 5 气象特色打造

活动名称	活动设计	活动目的	参与对象	难度
气象节系列	利用"3.23"世界气象日,举办校园气象节,组织丰富多彩的活动	激发对气象科学的兴趣,展现个性及创造力	人人参与	★
长周期观察	关注天气变化对植物生长的影响,开展长周期观察,撰写观察日记,完成观察报告	关注生态环境,培养观察、分析、探究能力	班级内组团合作	★★
气象棋牌乐	融入气象、环保元素,师生共同研发,在玩中学气象	培养实践能力,增强创造意识,激发潜能	跨班、跨年级合作,选择性参与	★★★
气象预报	通过会商,在气象专业部门指导下,学习运用气象分析软件,预测气象变化,进行天气时报	培养信息整合、分析研究能力,凸显个性学生	气象员	★★★★

3.3 主要研究成果

3.3.1 成果

《"气象与生活"校本拓展型课程》编撰成册

《小学气象探究课》由中国气象出版社出版

《气象园里的快乐发现——上海市普陀区恒德小学气象科普创新实践园》入编中小学创新活动平台案例集锦

3.3.2 成效

课题研究实践,带来了学校科普氛围的优化和学生创新潜能的激发,促进了学校、教师、学生的可持续发展。近二年来,学校取得了如下成绩:

全国气象科普教育基地——示范校园气象站

中国中小学气候变化教育行动项目学校

上海市少年科学院校级分院

城市学校少年宫

上海市第二轮创新实验室案例评选入选

申报上海市科普贡献奖进入第二轮评审

参与上海市校本课程展示活动

4 研究结论及后续研究方向

4.1 研究结论

《基于可持续发展的气象科普创新课程的实践探索》的课题历经二年多年的研究，找准了“可持续发展教育与校本课程建设整合”这一崭新的研究视角，在课程的实施环境与条件、课程的整体架构与开发、课程的有效实施与评价等诸方面开展了着力探索，初步完成“气象科普创新实践园”基础建设，开发了《基于可持续发展的气象科普创新课程》——《“气象与生活”校本拓展型课程》《小学气象探究》两本分册，形成课程实施的有效策略、方法、手段，积累了一些成功案例，取得了一定的实践性经验，不仅促进了可持续发展教育的校本化推进，也促进了教师的专业成长，更重要的是带来了学生的可喜变化。

4.2 后续研究方向

在实践过程中，我们也认识到，有不少问题仍需进一步解决与完善。如：如何在课程的开发、实施、评价的各个环节最大化落实“可持续发展教育”的理念；如何处理好新课程环境条件建设与课程有效实施的关系问题；如何立足校情，将气象科普创新课程融入区域共享课程网络，通过区域共享、跨校联动等形式，最大化发挥资源辐射作用，这些都是有待在后续研究中解决的问题。

基于以上思考，我们后续研究的思路是：以“可持续发展教育”为基点，立足《基于可持续发展的气象科普创新课程的实践探索》的研究成果及有效做法，通过课程的不断完善与优化，基本实现“一个推进体系、两个显著提高”：一个体系框架，就是基本建成以气象科普创新实践园为依托，以培养创新意识和实践能力为重点，“校内各部门互为联动、气象专业部门、教育行政部门与学校纵向衔接、区域内乃至跨区气象科普合作校横向沟通”的气象科普创新课程推进体系；

两个显著提高，一个是努力使广大学生的可持续发展的意识与能力显著提高，一个是努力使创新潜质突出的学生的创造能力得到显著提高。让恒德的孩子们享受课程带给他们的无限乐趣，在小小的气象科普园里，圆自己的气象探究梦。

参考文献

[1] 陈小娅. 中国可持续发展教育创新实践[M]. 北京:北京出版社,2009.

[2] 中国可持续发展教育工作委员会. 第四届北京可持续发展教育国际论坛“可持续发展教育:国际发展趋势和中国实践模式”论文摘要[C]. 北京:[出版者不祥],2009.

[3] 刘利民. 推进可持续发展教育,提高教育质量[M]. 北京:教育科学出版社,2011.

[4] 史根东,谢春风. 中国可持续发展教育——北京市东城区可持续发展教育专辑[M]. 北京:[出版者不详],2013(4/5).

[5] 尹后庆. 创新,实验室里的时代脉动——高中创新实验室案例撷英[M]. 上海:上海教育出版社,2011.

[6] 尹后庆. 创新,实验室里的梦想之光——中小学创新活动平台案例集锦[M]. 上海:上海教育出版社,2013.

[7] 顾明远,钱理群,江晓原. 现代教师读本科学卷[M]. 南宁:广西教育出版社,2008.

[8] 张民生,朱怡华. 现代学校发展创意设计[M]. 上海:上海远东出版社,2006.

主题气象科普活动研究

气象科普活动现状与思考

姚锦烽[1)] 康雯瑛[1)] 刘 波[1)] 邵俊年[2)]
(1.中国气象局气象宣传与科普中心,北京 100081;2.气象出版社,北京 100081)

摘要:近年来,中国气象局有组织有计划开展了一些较大规模的主题气象科普活动,这些活动随着各组织单位的不断发展逐渐深入,形式越来越丰富,内容越来越多样,对传播气象科学以及防灾减灾知识发挥了重大作用,但在活动开展中还存在专业人才匮乏、社会化程度较低等方面的问题。本文从政策支持、队伍建设、全媒体联动、效果评估等方面对气象科普活动发展提出了对策与建议。

关键词:气象科普活动 现状 对策

引言

科普活动,尤其是大型科普活动,是向社会成员普及宣传科学技术知识、促进科技界与公众互动、提高社会成员科学意识的重要载体,在我国已经成为提高全民科学素质的一个重要渠道。科普活动以传播科学技术、提升公众科学意识为主要目的,目标受众为全体相关社会成员,是具有一定规模的科学传播行为。开展大型科普活动是现阶段我国进行科学技术普及工作的重要策略之一。大型科普活动容量巨大、形式多样、主题内容贴近公众,因而受众广泛;在营造科学普及社会氛围、提升公众的科学意识中,发挥着宣传平台作用[1-2]。

近年来,中国气象局党组高度重视气象科普工作,通过开展主题气象科普活动,以立足社会化大科普为格局,以防灾减灾和应对气候变化为重点,突出创新意识、满足社会需求，积极推进气象科技知识的社会化传播与普及，为提高全民气象科学素质做出了应有的努力[3]。

气象科普活动一方面通过汇聚广泛的社会人群参与，并通过集中社会宣传，能够为气象科学知识的普及营造良好的社会氛围；另一方面，也能够为社会公众走近气象、理解气象、与气象科研人员进行交流和沟通创造机会。这些大型的，以及具有一定规模的气象科普活动在气象科普领域，发挥着重要的社会宣传平台作用。

1　气象科普活动现状

主题气象科普活动是社会化气象科普宣传的有效载体。近年来，形成了常态化、系列化的气象科普活动，包括世界气象日、防灾减灾日、科技活动周、全国科普日、气象夏令营、气象防灾减灾宣传志愿者中国行、应对气候变化中国行、国家气象体验之旅、流动气象科普万里行等大型科普活动。这里的主题气象科普活动是指设立一个科普主题并围绕这个主题进行各种形式的讲座、专家咨询、互动交流、专题研讨等，以达到传播气象科普知识目的的科普活动。

中国气象局、中国气象学会积极争取科技部、中国科协等各级单位对气象科普工作的支持与指导。近些年与中国科协联合开展了以下工作：承办全国首届“防灾减灾日”主会场活动；在安徽、贵州、陕西、河南、吉林、湖北、青岛等省市举办气象科技下乡活动；开展“气象防灾减灾宣传志愿者中国行活动”；利用“科学家与媒体面对面”的平台，组织气象科学家围绕“解析极端天气”“科学应对城市内涝”等主题与几十家主流媒体开展面对面的交流与互动活动；组织气象专家在中国科技馆“科学讲坛”做科普报告；将气象科普宣传品送进中国科协的大篷车，并参加2012年北京科协组织的防灾减灾科普宣传品巡展。

2009年至2014年，连续6年主办“气象防灾减灾宣传志愿者中国行”大型科普活动。经中国气象学会组织申报，此项活动获得2009年气象部门创新奖和2012年第六届“中国地方政府创新奖”特别奖。中国气象局和中国气象学会联合主办的全国青少年气象夏令营活动至今已坚持31年。自2008年以来，全国20多个省(区、市)的上千名营员参加了气象夏令营活动。2011年举办了全国青少年气象夏令营30周年系列纪念活动，其中联合华风集团制作的专题片《我爱气象夏令营》获“第七届中国纪录片国际选片会”入围作品奖。

近年来在世界气象日期间，联合相关部门开展了“气象科普进列车”“气象科普进学校”“气象科普进社区”、中国气象局园区开放等多项活动，不断创新世界气象日科普品牌，有效扩大了世界气象日的社会影响力。

针对气候变化热点，组织应对气候变化中国行活动，带领记者媒体深入探索气候变迁，了解气候变化背后的点点滴滴。

针对重点人群，组织国家气象体验之旅、流动科普万里行等活动，让中小学生体验国家气象业务体系，了解天气预报从观测到预报到播报的过程，并将互动气象科普展项送进农村田间、学校社区。

1.1 品牌气象科普活动概述

1.1.1 全国青少年气象夏令营

为向青少年普及气象科学知识，提高青少年的综合素质，自 1982 年起，中国气象局、中国气象学会联合举办全国青少年气象夏令营，至今已连续举办 31 届，每年都是在 7—8 月份的暑假期间举办，每期约一周时间。气象夏令营的营旗首先在厦门飘起，从此，夏令营的足迹遍布祖国大江南北，至今已形成具有较大影响的气象科普品牌项目。30 多年来，共计 6 万多名青少年在气象夏令营这一熔炉中历经磨炼，在人生的旅途中留下不可磨灭的记忆。

气象夏令营总营设营长、副营长；分营设分营营长、辅导员，实行统一领导、统一组织、统一行动。气象夏令营初期，通常由中国气象局主管副局长担任总营营长、中国气象学会秘书长担任营长。气象夏令营有自己的营旗、营歌、营徽、营规、营帽、营服等，每届夏令营均有明确的主题和丰富多彩的活动内容。20 世纪 90 年代，气象夏令营曾两次列入中国科学技术协会确定的全国重点夏令营。

2011 年为纪念气象夏令营 30 周年，中国气象学会联合中国气象局开展了“气象夏令营—我的难忘之旅”征文比赛；中国气象学会组织编印了《营旗飘飘—纪念全国青少年气象夏令营 30 周年》、联合华风影视集团拍摄了《我爱气象夏令营》专题片、举办了《全国青少年气象夏令营 30 年图片展》。其中《我爱气象夏令营》获第七届“中国纪录片国际选片会”入围作品奖。

1.1.2 气象防灾减灾宣传志愿者中国行

气象防灾减灾宣传志愿者中国行活动由中国气象局、共青团中央、中国科学技术协会、中国气象学会共同主办，成都信息工程学院、中国气象学会秘书处、中国气象局公共气象服务中心、中国气象局气象宣传与科普中心、北京华风气象影视集团承办，旨在促进公民防灾减灾意识，提高公众应对气象灾害的能力，并在更大范围内提高公众对气象科普知识的了解。

“气象防灾减灾宣传志愿者中国行”活动于2007年启动，每年都会有来自北京大学、南京大学、浙江大学、中国海洋大学、中山大学、南京信息工程大学、成都信息工程学院等全国各地的高校大学生参与到活动的志愿宣传中来。他们都是经过层层选拔，并进行专业的气象科普知识和防灾减灾知识培训后被组织分派到全国各地的乡镇企业、社区、学校等地方，为公众讲解宣传。自当年活动启动开始，每年有2000多名师生分成200个小队，奔赴全国各地进行为期1个月的气象科普知识宣传。

在宣传活动中，志愿者会根据当地的天气气候特点及所到地方的居民特点进行的准备与策划，组织各种知识性强、实用性强、趣味性强的互动活动，以期达到让百姓更愿意接受并了解气象科学知识，并合理的应用到生活中来，真正的能够在天气灾害发生的时候正确的避险减灾。

1.1.3 应对气候变化中国行

应对气候变化中国行是由中国气象局公共气象服务中心、中国气象局气象宣传与科普中心和华风气象影视传媒集团联合主办、各省(区、市)气象局联办、联合各大媒体共同报道的一系列气候变化实地考察与科普宣传活动，旨在从科学角度见证气候变化、面向公众宣传应对气候变化，在气候变化领域发出气象部门的声音。“应对气候变化中国行”活动是气象部门在应对气候变化宣传领域的一项创新活动。它通过联合媒体和地方气象部门的方式，对气候变化影响敏感区进行实地考察，让公众切实感受到气候变化对人类生产生活的影响，同时从气象科学的角度，客观公正地反映中国在应对气候变化方面采取的态度和措施。

2010年以来，“应对气候变化中国行”先后走进青海、内蒙古、江西、广西、广东，甘肃成功举办了6次活动。考察团成员们从气象科学研究和媒介传播的不同视角，共同走访了三江源、胡杨林、鄱阳湖等中国受气候变化影响的典型区域，看到了在全球变暖背景下出现的冰川融化、干旱、暴雨等极端天气气候事件增多等不利影响，验证我国气候专家多年来的气候变化观测与研究成果。2011

年邮电出版社正式出版《气候变化的故事》一书，其中记录了“应对气候变化中国行”的前两次考察活动。

1.1.4 国家气象体验之旅

国家气象体验之旅是由中国气象局办公室、中国科技馆联合主办，由中国气象局气象宣传与科普中心承办的，面向全国各地中小学生的大型气象科普活动，是推动气象科普进校园工作的一个新载体。2011 年的首次举办就取得了很好的社会反响。2012 年，来自北京、内蒙古、江苏、上海、浙江、安徽、河南、宁夏、山西等地的 70 余名师生参加了活动。

国家气象体验之旅活动一般从观摩“全国天气会商”开始，并实地参观中央气象台，学生们初步了解了气象部门如何对天气系统进行“会诊”的全过程。在气象影视中心，同学们在气象主播的指导下，切身体验一把气象播报的感觉，了解天气预报节目的制作过程。此外，他们还可以参观国家级气象观测站、气象科普教育基地等气象业务单位，从而全面了解天气预报的观测、制作、发布过程，加深对气象科学知识的理解。活动还会组织参观天文馆、科技馆等相关科普教育基地，组织“气象科普文化晚会”，与同学们积极互动，提高同学们探索科学奥秘的兴趣。

1.1.5 气象科技下乡

气象科技下乡是中国气象局、中国气象学会联合农业部、科技部为加强农村防灾减灾科普宣传开展的活动。自 2009 年起的 5 年来，通过开展内容丰富、形式多样、群众喜闻乐见、互动性强的科普活动，先后走进贵州、陕西、河南、吉林、湖北等 5 个省份的村镇，将气象科技知识和气象防灾减灾知识送到田间地头、千家万户，引导当地群众“防灾减灾从我做起”，真正实现利用气象信息趋利避害，合理安排生产生活的目标，使气象服务、气象知识为促进农村发展、农民增收、农业增效做出贡献。

“气象科技下乡”作为气象部门普及传播农业气象科技和气象科学知识的重要平台，在 2009—2013 年间先后赴贵州长顺白云山村、陕西渭南澄城县水洼村、河南方城县赵河镇泥岗村、吉林省榆树市刘家镇、湖北省潜江市后湖农场等地，自 2009 年起以气象科普活动为着力点推进气象科技惠农服务内涵，充分体现气象科技农业气象观测体系在农村发挥的巨大作用。目前在河南鹤壁、南阳、吉林榆树、湖北潜江显现效果。通过气象科技的指导传播、农气专家讲座、田间农气科技指导、专家现场咨询、召开气象科技惠农座谈会，结合中国气象局制作发放各类气象科普宣传材料15万份等方式，增强了广大群众在日常生产生活中自觉运用科学知识的意识，在一定程度上提高了农民的气象科学认知。2013年在湖北潜江科技下乡活动中，中国气象局气象宣传与科普中心推出“流动气象科普设施”，该设施以社区居民、农民、中小学生为重点普及、服务对象，推动国家级优质气象科普资源与地方、基层共享，充分发挥“流动科技馆”深入服务基层的优势，普及相关气象科学知识，提升公众的应急避险能力和气象科学素质，普及气象科学知识。

1.1.6 流动气象科普万里行

流动气象科普万里行由中国气象局联合科学技术部、中国科学技术协会、中国气象学会主办，由中国气象局办公室和中国气象局气象宣传与科普中心具体承办，由各省（区、市）气象局具体实施向市、县、乡镇的延伸服务。此活动以“普及气象科学知识，保障生态文明建设，服务社会经济发展”为宗旨，以气象防灾减灾和应对气候变化为主题，以社区居民、农民、中小学生为重点对象，推动国家级优质气象科普资源与地方、基层共享，充分发挥“流动科技馆”深入服务基层的优势，普及相关气象科学知识，提升公众的应急避险能力和气象科学素质。活动在2013年3月23日——世界气象日期间启动，先后在北京什刹海社区、中国气象局大院、河北易县石家统村、满城西山花园社区、邯郸市邯山区实验小学、湖北潜江市后湖农场、鞍山钢都实验小学、鞍山铁东区青少年活动中心等地开展现场科普活动，为近10000人面对面普及气象科普知识，取得了十分显著的科普成效。2013年活动总里程数达2440千米。

在活动现场，公众不仅可以领取到《气象知识》专刊、科普图书、科普折页等科普宣传资料，还可以在随行科普大篷车的流动气象科普馆里参观地基观测系统、气象卫星、虚拟翻书等科普展品，体验科普游戏和互动项目，与气象专家面对面交流，咨询防灾避险、农业生产等气象方面的问题。展区还搭建流动影院，通过滚动播放应对气候变化、防灾避险等方面的科普电影电视片，增强避险自救的能力，更好地保护自身及他人生命财产安全。

1.2 气象科普活动主要特点

与一般的大型科普活动相比，气象科普活动除了具有开放性、多样性和互动性等方面的特征以外[1]，气象科普活动还具备以下特点:更贴近公众,气象科普活动一般选择季节性、节日性以及公众的兴趣点为话题,更容易被公众接受,更具有实用性,能够"学以致用",当公众运用自己所学的知识发现或者解决生活中遇到的气象的问题后,兴趣会更浓;更具系统性,相对于传统的科普活动来说,主题气象科普活动更具系统性。因为主题气象科普活动是以一个话题为中心进行延伸的活动,各项分类活动仅仅围绕这个话题进行,贯穿始终,小的活动构成一个小主题,几个小主题构成大主题。此外,它可以根据时间、季节、节日以及公众的兴趣灵活地确定主题的内容,可以定一个大主题,几个月完成,也可以定一个小主题,半个月或几天完成;更具针对性,气象科普活动的开展一般都以提高公众防灾减灾和应对气候变化能力为目的,主要针对学校、农村、社区、企事业单位为对象,因此设计的主题更有针对性,比如国家气象体验之旅和气象夏令营以青少年学生为主要科普对象,气象科技下乡和流动科普万里行主要以进农村为主。

2 发展中面临的主要问题

气象科普活动在提高全民科学素质的进程中具有独特优势,正在发挥着越来越重要的作用。随着气象部门对气象科普活动重视程度原来越高,以及社会大众对于气象科普的关注日益增强,气象科普活动在开展和宣传的过程中逐渐凸显出专门人才匮乏、品牌化和社会化程度有待加强、投入力度不足经费来源单一、活动效果不够理想等问题。其突出问题主要表现在以下几方面。

2.1 气象科普活动人才队伍较为薄弱,经费投入有限

在气象行业内,气象科普工作属于“冷部门”。因此,很多人不愿意从事此类工作,气象科普领域普遍存在着人才匮乏问题,尤其在科普活动策划和组织管理方面缺乏专业的人才队伍。气象科普人员总量严重不足,专职人员少,高素质人才更缺。气象宣传和科普工作人员交叉多,缺少既懂气象又懂新闻宣传的跨专业、复合型人才,急需加强专业知识和工作技能培训。兼职人员比例过高、队伍不稳定,现有的队伍存在人员紧张、专业素质较低、结构不合理等问题。气象科普具有公益性特点,存在资金投入不足的问题。气象科普经费投入渠道单一,主要依靠气象宣传科普专项经费,但总量十分有限, 并且科普投入地区间

失衡,尤其经济欠发达地区投入一直处于较低水平,在一定程度上制约了气象科普活动的推进与发展[4]。

2.2 气象科普活动社会影响力有待进一步提升

气象科普的对象涉及社会方方面面涵盖社会各行业,但多年来气象部门开展气象科普活动还是以自己单独开展为主,仅有部分活动与科协联合主办,与其余各有关单位各部门之间的联系互动不足,致使气象科普活动开展的广度和深度都陷入了瓶颈问题,导致最终活动的社会影响力有限。此外,对于气象科普活动,宣传推广力度不够,缺乏具备较高知名度的品牌活动。

2.3 活动效果不够理想,部分活动互动性不强

目前,气象科普活动仍然停留在传统阶段,无论是内容还是形式,和世界水平差距很大。主流模式是通过讲座等传统方式单向传授和灌输气象科普知识,虽然花费大量的人力物力,但效果并不理想,投入和产出有着巨大的差距,不利于科普宣传事业的健康发展[5-6]。气象科普活动传播的内容也局限在一些气象科学的基本知识,而对于人们急需和迫切的信息却往往呈现滞后性,与现实相脱节。包括长期以来习惯于科普的单向灌输,忽视了与公众的交流,导致活动在策划之初就缺乏互动环节的设计,忽视了对大众科学兴趣的激发和培养,导致最终活动效果不够理想,大众参与不够积极等问题。此外,还有部分活动存在内容形式较为类似,活动过于形式化缺乏内容支撑等问题。

3 对策与建议

3.1 构建长效机制,为气象科普活动开展予以政策支持

构建气象科普活动人才培养机制。建立气象科普活动专业人员队伍培训制度,创造学习、交流、考察和培训机会,鼓励他们积极投身研发和创新;加大气象科普推广等实用人才培养的政策优惠力度,鼓励气象专家、院校师生、气象科普志愿者等投身气象科普工作;建立和完善以业务能力和科研成果等为导向的气象科普人才评价标准体系,鼓励和支持气象科技工作者参与科普工作,将气象科学知识和科技成果转化为科普产品,对成绩突出者给予表彰奖励。

建立健全气象科普活动财政投入的稳定机制。用法规形式明确规定财政用于气象科普的经费比例,按照服务地方、经费由地方投入的方式,依据相应法律法规和政策文件,将气象科普经费纳入地方科普财政预算,把各级政府的气象科普投入变成一种刚性要求。建立和完善多元化、多层次、多渠道的气象科普投入体系。要积极实现科普投入从政府配置资源为主向建立多元化的创新投入体系转变,充分发挥政府投入的引导作用,建立健全财政性科普投入稳定增长机制,完善财政资助、贴息、信用担保等方式,促进政策性融资。鼓励企事业单位及社会组织带资参与科普事业,发挥社会力量兴办科普事业的作用;突出财政支持气象科普活动的重点领域。重点用于支持面向中小学生、农民、社区居民以及领导干部公务员等群体开展的气象灾害防御和应对气候变化的气象科普领域[7]。

构建气象科普产业鼓励机制。鼓励现有的经营性气象科普活动产业创新体制,转换机制,面向市场,壮大实力,建立健全经营体制。有条件的气象科普产业机构要逐步建立现代企业制度。引导科普产业机构间的强强联合和优势互补,采用灵活多样的形式,组建大型科普产业集团,使得科普产业向规模化、集约化方向经营,并逐步走出国门,实现国际化。

3.2 加强活动宣传,重点发挥新媒体的科学传播作用

气象科普活动的组织开展必须重视宣传工作。前期加强组织策划,将媒体宣传列为重点内容,力求扩大新闻媒体的覆盖率。活动组织者与媒体之间要进行有效的合作与联动,为媒体提供相关的信息,充分做好活动前、中、后的分阶段报道计划。其中,活动事前、过程中报道的核心主要是活动相关信息的告知,包括活动时间、地点、主题、参与活动的途径等等,这是扩大参与公众范围的关键手段。活动后的宣传报道更主要地是对活动内容的总结和深化,适宜作深度报道,以此来强化对公众的影响。同时,活动后的宣传还要告知公众进一步了解相关科学话题的渠道和途径,从而继续扩大科普日主题在社会上和公众中的影响。另外,可以在小范围内就相关主题进一步深入开展活动,以强化科普的影响。

目前,新兴媒体高速发展,互联网对人们生活带来巨大冲击。气象科普活动要跟上时代发展,就必须与时俱进,创新活动开展的载体和媒介,加强线上线下活动互动与呼应,充分发挥互联网和多媒体的最大优势,利用网络、微博微信

等新媒体传播速度快，实效性强等优点，整合资源，进行合作和联动，加强活动科学传播效果，实现社会的高覆盖率。

3.3 探索气象科普活动效果评估，提升气象科普效果

大型科普活动开展，都是在动员了大量的社会资源的基础上得以实现和运行的。通过科普活动传播科学技术知识，加强科学技术与社会公众互动，提高公众的科学文化素质，是科普活动组织者的良好愿望。但活动效果是否理想，是否真正回应了公众对科技知识的实际需求，却不因组织者的初衷而定[8]。事实上，一个耗资巨大的大型科普活动是否达到了既定目的，是否得到公众的认可，以及在哪些方面存在需要提升的空间，都是今后活动的改进和提高的重要依据。而这一切信息，都是需要适时的监测评估来实现[9]。气象科普活动不外如此，因此开展气象科普活动效果评估，通过评估找出并缩小活动效果与既定目标之间的差距，是科普活动评估的终极目的。科学开展气象科普活动效果评估有助于发现工作中存在的优缺点，针对不足提出建设性改进方案，也有助于激发各个层面的责任感和积极性，强化科普活动的有效性。气象科普活动效果评估可以从活动之初进行评估设计，建议以第三方评估为准，保证评估的独立客观性。此外，要注意科学评估的多角度性，从活动涉及到的参与公众、科普专家、现场组织和服务者、媒体等多角度进行评估，其最终评估结果对于活动效果的体现有较高的价值。

3.4 创新形式拓宽渠道，吸引公众更好地参与

气象科普活动开展要加强创新，拓宽渠道，多方位、全角度地开展，而不再是“填鸭式”的灌输教育。要不断创新其活动的内容和形式，气象科普活动的内容不仅应该涉及气象与公众的生产、生活有关的方方面面，而且应该对公众了解、认识、认同气象业务工作有益处，对广大人民群众防灾减灾有帮助，也可以实现与其他生态环境相融合，增强其实用性、贴近性，服务性。对于针对基层的气象科普活动，还应注重其形式的通俗性，以方便更好地理解，更好地吸引公众参与，增加互动交流。气象科普活动开展要充分发挥各类媒体的科技传播载体作用，营造良好的社会氛围，让人们能够主动自觉地接受科技普及知识，让科普以一种喜闻乐见的形式走入生活，走进人们。

参考文献

[1] 张志敏. 对我国大型科普活动社会宣传作用的相关思考[J]. 科普研究，2009，**4**(4)：41-44.

[2] 谭超.大型科普活动前期宣传效果评估的探讨——以2010年全国科普日北京主场活动宣传为例[J]. 科普研究，2011，**3**(6)：80-83.

[3] 林方曜.论气象科普在提升公民科学素质中的优势与作用[J].学会，2012，**7**：59-61.

[4] 覃安春，黄运丰，黄正宏，罗雅.气象科普宣传模式的创新实践与思考.科技传播. 2013，**10**(上)：26-27.

[5] 曹思平.创新科普宣传方式，提高公众科学素质[J].科协论坛，2009，9.

[6] 梁浩华，对当前科普宣传工作的思考，科技传播[J].2011，**4**(下)：3-4.

[7] 王海波，我国气象科普政策法规现状分析及对策建议[J].科技管理研究，2015，4.

[8] 马尔库斯·加布里尔，托马斯·夸斯特.2005爱因斯坦年评估总报告[M].王保华，译.北京：科学普及出版社，2008.

[9] 张志敏.对我国大型科普活动社会宣传作用的相关思考[J].科普研究，2009，**4**(4)：41-44.

创新气象科普活动探索与实践

袁长焕　孙镆涵

(黑龙江省气象局,黑龙江 150001)

摘要:随着气象科普工作的业务化、影响范围扩大化,传统的科普宣传模式,已不能满足公众的需求,也暴露出了一定的局限性,黑龙江省气象局近几年来通过创新科普活动模式、扩大宣传面,在实践中不断摸索出气象科普活动发展新路。

关键词:气象科普　创新　实践　研究

引言

气象科普宣传是一项社会化、公众化的社会公共性活动,开展气象科普工作可以普及气象科学知识,提高民众的防灾避险自救互救能力,是提高防灾减灾能力的有效措施。随着气象科普的业务化、常态化,气象知识走进了机关、学校、社区、农村,但是经过对不同行业、群体等多方面的调查分析,气象科普工作在形式、内容等方面还是体现出较大的局限性。需要进一步扩展气象科普宣传影响力,进一步创新方式。针对传统宣传模式中的局限性,黑龙江省气象部门通过转变思路、创新模式,在实践中摸索气象科普新模式。

1　气象科普工作存在的问题

近年来,黑龙江省气象部门积极围绕“世界气象日”“科技活动周”“防灾减灾日”“安全生产月”“国际减灾日”等载体开展科普活动，服务面和影响力都不断的扩大，但是随着社会经济不断的发展，已无法满足社会公众的需求，经过对不同行业不同群体多方面的调查发现，气象科普工作在形式、内容、组织保障等方面还是体现出较大的局限性，存在着以下几方面的问题：

1.1 气象科普形式固定、内容单调

气象科普活动大多围绕全年的科普活动、特殊纪念日等，以广场咨询、资料发放、气象台站、科普教育基地开放等方式集中宣传为主，宣传形式单一，与其他部门科普活动、社会团体、公益组织的联合不够。

气象科普宣传内容缺乏多样性和创新性。科普宣传材料整体偏专业化、单一化，与经济社会、人们的生产生活相结合的内容少，能根据当地特点、当时的气候特点的宣传讲解有待提高，气象信息的通俗化需要进一步加强。指导人们科学利用气象信息和知识的内容少，不能充分发挥气象服务工作的效益。

1.2 气象科普对象缺乏针对性

随着第四次全国科普会议以来，气象部门对科普工作愈发重视，气象科普工作逐步常态化、业务化，气象科普覆盖面进一步扩大。但是宣传科普活动的开展地仍主要集中在城市，农村和边远落后地区的人民群众科学有效地利用气象信息的能力十分薄弱。气象科普只重视对广大公众进行气象知识的普及，未全面重视对特殊地域、特殊时段、特殊人群进行有重点、有针对性的宣传。

2 科普宣传模式的新探索

坚持把握重点，把抓好精品和品牌宣传作为重中之重。黑龙江省气象局以自身为范例，转变思路，打破传统，在实践中摸索，通过报纸、电视、网络、微博、书刊等传统媒体与新媒体有机融合，打造气象科普宣传新模式。

2.1 扩展思路，扩大科普宣传途径

出版发行长篇报告文学《与老天爷会商》。该书以抗御 2013 年黑龙江、松花江、乌苏里江全流域特大洪水气象服务为背景，记录了特大洪水对黑龙江经济社会的考验，对气象事业发展的考验。记述了历史性的洪水与敢于顶上的气

象人的相遇，60 余支气象小分队，超过 300 人深入抗洪一线，尽职尽责，创新服务方式，以实实在在的业绩提升服务能力，惠及普通百姓，向公众展示了新一代气象人的形象。全书充分展示了气象高科技含量、气象人的力量、气象服务效益及部门特有的工作效率，并把气象防灾理念和气象科普知识融入其中，扩大了气象科普宣传的广度和深度。

2.2 丰富内涵，打造精品科普宣传产品

不断丰富气象科普宣传产品，提高科普作品质量。制作多部风格新颖、内容多样、精益求精的气象科普专题宣传片和宣传材料。

2.2.1 提升科普产品内涵

组织制作黑龙江省气象服务科普宣传片《黑龙江省气象事业发展纪实》，整部宣传片更具观赏性、针对性。组织拍摄了反应 2013 年抗洪气象服务纪实的专题片《博弈龙江天》、编印宣传画册《洪水面前》。丰富了科普活动和科普交流的内容，提升科普产品的内在品质。

2.2.2 打破行业局限，全新视角打造科教记录片

从单一气象视角中走出来，制作讲述哈尔滨的冰雕艺人张德祥及他们一家的冰雕情结，展示普通人的冰雪情缘的科普纪录片《冰上建筑师》。通过讲述张德祥与冰雕的缘与情，向观众们普及了冰块的形成、冰块的采集以及运输都与天气有着怎样的息息相关的联系。被评为最具国际市场潜力 15 部入围提案之一，入围 2014 中国国际科教影视展评暨制作人(CICSEP)年会，是气象部门参会的唯一作品。

2.3 嵌入视角，打造精品科普宣传活动

组织开展了“天下粮仓”气象为农服务系列报道。2013 年 8 月，中国气象局联合黑龙江省气象局，组织人民日报、新华社、农民日报、经济日报等全国几家主要媒体到黑龙江进行“天下粮仓”系列采访，报道气象部门如何为农业保驾护航。报道了黑龙江作为全国最大的粮食产区，在 2013 年遭遇百年一遇重大的洪灾面前，黑龙江省气象局在防洪抢险中，以及保障粮食生产的安全的服务中，发挥的重大作用。

承办了 2014 年中国气象报“绿镜头 · 发现中国”“走进黑龙江大湿地　大

农业　大生态”系列宣传，有效宣传了气象部门的形象和地位，取得了显著的社会效益。通过中国气象网承办了“直通式气象服务”访谈。

几个系列宣传均以黑龙江生态、农业等系列报道为契机，以外部门、公众的视角，利用嵌入这种更利于社会公众接受并理解的方式，向社会普及气象科普知识和专业原理。

2.4　气象专家说天气，打造精品气象科普直播栏目

在黑龙江省卫视频道开播《气象专家直报天气》节目。2013 年黑龙江遭遇百年特大洪水期间，7 位气象专家走进天气预报演播室，解读汛期天气，直播气象资讯，与广大电视观众面对面交流。整个节目内容紧紧围绕天气实况、未来天气形势等公众最为关心的问题展开。节目播出后，好评如潮。许多市民表示，专家出镜播报天气，耳目一新，天气预报离我们越来越近了！

节目是临时决定开播的，确定方案、协调播出时长、输出方式，建设摄影基地，一天两次，高效及时，气象人承担了巨大的压力完满完成了此项任务。气象科普宣传以全新的方式与龙江经济社会、人们的生产生活紧密结合，气象知识真正走入了百姓生活，成为了人们关注的焦点。

2.5　强势联合，与知名媒体联手打造气象网络明星品牌

为进一步扩大科普宣传范围，打造气象科普网络品牌。多次与新华社联手开展各类专题访问、活动。2013 年与新华通讯社黑龙江分社联合签订合作协议，将网络协同互助发展机制提上发展议程。在 2013 年黑龙江全省面对百年特大洪水期间，与新华社黑龙江频道合力打造“2013 年黑龙江汛期气象服务”网络专栏。权威发布重大气象信息、全省各地天气预报和汛期一线气象服务情况，全程跟踪记录了黑龙江省气象部门抗御 2013 年黑龙江、松花江、乌苏里江全流域特大洪水气象服务工作。在全省引起了广泛反响，打造了一档具有公众关注度高、社会认可度高的气象网站明星栏目。

今年再次联合新华社黑龙江分社打造的“黑龙江气象之窗”专栏已经在新华网黑龙江频道登陆，该栏目包括了气象为农、气象防灾、气象科普、图说气象等 14 个板块，全方位、多角度让百姓关注气象、认识气象、了解气象、应用气象，旨在提高公众气象防灾减灾的意识。

2.6 拓展平台,建立微博、微信气象公众信息服务新平台

从2012年开始,黑龙江省气象局陆续开展气象微博、微信等新媒体业务的拓展和尝试。2012年3月开通了龙江气象官方微博,发布天气预报、预警信息、气象科普知识等内容,目前粉丝数量已近40万,发布消息近5000条。与哈尔滨、大兴安岭、佳木斯、绥化等地市形成了气象微博矩阵。与政府、企业、媒体及相关机构建立了联系,在黑龙江省700多政务微博中人气和活跃度排名第七。2013年汛期气象服务中将气象灾害应急响应和重大气象信息第一时间发布,缩短了信息的传输流程和时间,扩大了气象公众服务的覆盖面,为我省顺利抵御特大洪水、气象灾害争取了宝贵的时间。

2014年3月龙江气象官方微信开通,建立了微信公众平台,发布气象资讯和气象科普及气象防灾减灾知识等内容,用户可以实时查询全国主要城市的天气情况,实现气象服务信息精准推送。

2.7 夯实基础,气象宣传科普基地建设初具规模

2.7.1 构建从"国家级—省级—基层"的气象科普基地网状体系

为使全省气象科普宣传工作经常化,黑龙江省气象局不断加强科普基地的建设。目前共建成"全国气象科普教育宣传基地"3个,"省级普教育宣传基地"2个,市级科普教育基地11个,全省72个县气象局均设立科普教育基地或科普展厅。其中哈尔滨市建成别具特色的全省首家城市气象科普展馆;富锦建设了代表国内现代农业发展高标准的现代农业万亩水田展示区、富锦市气象保障现代化农业发展试验基地,是集监测、预报预警、效益评估、科普宣传、示范推广等多方面为一体的"农业气象防灾减灾科普基地"。高标准的科普基地和场馆的设立,覆盖全省的气象宣传科普网的形成。为气象科普工作的开展提供了场地基础,为气象科普理论研究和学科建设提供了应用平台,加大气象科普知识在公众的影响力。

2.7.2 加强科普对象针对性,设立示范性校园气象站

2014年在哈尔滨、齐齐哈尔、鸡西、富锦、铁力等5个市、县开展校园气象站建设。目前,5个气象站已经全部安装调试完成并运行正常,实现了风向、风速、温度、雨量四个气象要素的实时监测以及数据传输和计算机终端显示和大屏幕

显示，达到了气象在校园中的科普以及科研等方面的要求，得到了学校师生和家长的认可和好评。校园气象站是气象科技进校园是气象科普针对不同需求对象的一次有益尝试，对普及气象科普知识，宣传气象工作，树立气象公益服务的良好形象将起到积极的推动作用。

3 在实践探索中的思考

黑龙江省气象局近几年来不断通过创新模式，突破传统、打破格局，在气象宣传科普方面取得了一定的成效。在具体的实践探索中，得到了一些经验与思考：

3.1 树立气象科普工作在气象事业发展中的重要地位

黑龙江省气象局一直以来高度重视气象科普宣传工作，将科普宣传工作纳入重要议程，建立健全科普宣传工作机制和运行机制，研究建立有效的激励机制，将气象科普工作纳入目标管理，并作为评价考核的重要指标。使气象科普工作实现工作制度化、规范化管理。

3.2 建立业务全面的气象科普宣传人才队伍

黑龙江省气象局致力打造一支业务全面、稳定高效的气象科普宣传人才队伍。成立了宣传与科普中心，组建了宣传与科普专职队伍；有计划的组织科普宣传工作人员进行业务培训和学习交流，不断提高气象宣传科普队伍的业务素质和综合能力。注重发掘和培养气象与媒体知识经验丰富的综合人才，投入科普宣传工作中，充实扩大兼职人才队伍，建立气象科普专家储备库，鼓励气象科普宣传的创作和产品的开发，逐步建立专兼职相结合的气象科普宣传队伍。

3.3 传统媒体和新媒体的有机融合，扩大科普宣传覆盖面

气象科普宣传始终坚持新兴媒体与传统媒体融合式发展。黑龙江省气象局与中国气象报、中国气象网、新华网黑龙江频道、黑龙江日报、生活报合作，每年开辟气象为农服务专版或专栏 10 个以上，年均发稿量超过 3500 篇以上，多层次、多角度的扩大科普宣传的覆盖面和影响力。同时注重发挥微博、微信等新兴媒体在气象宣传中的作用，目前，我省气象微博已拥有 38 万粉丝，在全国

气象部门名列第7名，在全省各类政务微博中名列第6名。多层次、全方位的科普宣传，让气象工作者不再“高处不胜寒”，公众通过认识气象工作、了解气象信息，掌握气象科普知识，逐渐让气象科普“润物细无声”的走向百姓生活。

参考文献

[1] 陈正洪，杨桂芳. 气象科普的“深度参与理论”[J]. 科普研究，2012(4):37-40,93.

[2] 殷春生. 加强当前气象科普工作的几点思考[R]. 北京：第28届中国气象学会年会——S16第四届气象科普论坛，2011.

[3] 王晓莉. 嵌入式气象科普实现路径的分析与思考[J]. 贵州气象，2014(2):58-61.

[4] 刘英. 新形势下气象宣传科普管理问题分析[J]. 气象软科学，2014(2):28-32.

气候变化类科普活动的实践与思考

田 曼 詹 璐 卫晓莉

（中国气象局公共气象服务中心，北京 100081）

摘要：在气候变化问题受到各国政府和公众高度关注的大背景下，目前的气候变化类科普活动仍有许多不足。自 2010 年开始举办的“应对气候变化中国行”大型考察及气象科普活动在很大程度上填补了气候变化类科普活动的欠缺。文中对此类型的科普活动实践进行了详细的阐述，总结了经验与不足，并对未来气候变化类科普活动提出了建议。

关键词：气候变化　科普　活动　应对气候变化中国行

引言

进入 21 世纪，在全球变暖的大背景下，在极端天气气候事件频繁发生的严峻形势下，气候变化问题不仅受到国际间政府部门的高度关注，也引发了大众的普遍关心。2012 年，中国气候传播项目中心在北京发布了《中国公众气候变化与气候传播认知状况调研报告》，这是一份我国首次全面展现公众气候变化与气候传播认知状况的报告。调研结果显示，中国公众对气候变化问题的认知度高达 93.4％，77.7％的中国公众对气候变化的未来影响表示担忧。

为了让公众更深入了解气候变化的科学知识，更广泛掌握应对气候变化的科学方法，我国高度重视气候变化科普工作。2007 年，国务院印发了《中国应对气候变化国家方案》，要求加强宣传教育，提高公众对气候变化问题的科学认识，动员全社会参与应对气候变化。气象部门也将气候变化与防灾减灾一起作为气象科普宣传工作的两大主题，多次下发通知要求各级气象部门采取多种形式进行科普，提升公众应对气候变化、防御气象灾害的意识和能力。2012年召开的第四次全国气象科普工作会议上，中国气象局局长郑国光明确指出，新时期的气象科普工作要着力提高全民气象防灾减灾和应对气候变化知识水平和能力。

近年来，气候变化类科普工作发展迅猛，形式日益多元化，有各种宣传书籍、资料的印发、影视节目的创作，也有基于网站、微博、微信等新媒体平台制作的海量科普内容。其中，举办气候变化类科普活动是气象部门进行科普宣传工作的一种重要方式，也是越来越常态化的一项工作。

1 国内气候变化类科普活动现状与问题

1.1 国内气候变化类科普活动现状

在气象科普工作的众多方式中，活动的开展往往主题明确，利用集中推广和展示，能在短时间内吸引较高的关注度。目前，国内的气候变化类科普活动既有官方行动，也有民间行为。

在官方的气象科普活动中，最主要的一类是基于各类活动日展开的。每年的“3·23”世界气象日、“5·12”防灾减灾日、科技活动周、国际减灾日以及科普日等的活动往往成为公众了解气候变化的一道大餐。以“3·23”世界气象日为例，中国气象局和各地气象部门在活动日当天面向公众开放，并组织参观、展览、体验式活动、专家提问、互动等环节，让公众近距离接触和了解包括气候变化在内的各类气象知识，同时配以多方媒体报道，能在短时间内引发公众对气象知识的兴趣和关注。

另一类官方的气象科普活动属于主题活动，如有各级气象部门组织的气象知识进社区、进农村、进学校、进机关、进企事业单位、进车厢等“六进活动”，通过发放宣传画册、讲解挂图、放宣传片等方式向公众传播气候变化与防灾减灾的相关知识，已成为社会化气象科普宣传的一大载体。此外还有中国气象局公共气象服务中心发起的“应对气候变化中国行”系列活动，以及中国气象报社、中国气象局气象宣传与科普中心、气象影视中心联合主办的“绿镜头·发现中国”系列采访活动，该活动主要以我国各地生态状况及保护、治理举措为主要线索，通过采访全面、客观、真实地反映各地生态文明建设的现状、问题及其发展，进而挖掘生态环境与天气气候条件之间的关系，充分反映气象工作在生态文明建设中所发挥的作用。

此外，民间也有许多与气候变化相关的科普活动。其中较有影响力的有绿家园志愿者（Green Earth volunteers）组织的各类活动，绿家园是我国著名的环保 NGO（非政府组织），成立于 1996 年，已经发起和联合发起了与气候变化相关的许多活动，例如绿家园江河十年行、绿家园黄河十年行、北京观鸟活动等。此外，还有 2011 年南京信息工程大学的“进百所中学 送万册图书”——应对全球气候变化大型科普活动，通过图书的发送，向中学生们深入浅出地介绍应对气候变化的相关知识。

1.2 国内气候变化类科普活动存在的问题

从上述气象科普活动的现状来看，明确以关注气候变化为单一主题的活动不多。在绝大多数官方的活动日和主题活动中，公众虽能获取到一定的气候变化科普知识，但在系统性和持续性方面仍有欠缺。在这些主题性的科普活动中，气候变化仅是其中的一个方面，且需要为主题服务，如“绿镜头”侧重关注生态，世界气象日的活动也需围绕当年的主题展开，譬如 2014 年世界气象日的主题是“天气和气候：青年人的参与”，活动的重点在于呼吁青年人关注和重视天气和气候。无论是气候变化的内涵还是外延，在活动中所表现和展示的空间都有限，不利于公众对气候变化的全面、深入了解与思考。民间组织的活动也面临同样的问题，如绿家园志愿者是一个环保组织，宗旨是倡导环境保护，其所组织的多种活动除了关注气候变化领域外，也同样致力于江河保护、企业环境责任、低碳生活等方面。

2012 年，国家发改委应对气候变化司副巡视员孙桢曾指出，《联合国气候变化公约》实施 20 年来，世界各国在气候变化科普方面做得并不好，甚至做了很多相反的工作。以每年召开的联合国气候变化大会为例，在媒体的引导下公众的目光往往被吸引在谈判中的各方观点以及技术分歧上，而忽视了气候变化与自身的关联。对于气候变化类科普活动来说，应唤起公众的气候变化意识、提升公众对气候变化的适应能力、促使公众参与应对气候变化的行动中来。

因此，明确以气候变化为主题、将气候变化专业性和科普性有效结合从而引导公众关注和思考的气候变化类科普活动亟需加强。

2 应对气候变化中国行活动

2.1 应对气候变化中国行活动背景

为了将气候变化的专业性和科普性有效结合，提升公众对气候变化的关注度，2010 年开始，中国气象局公共气象服务中心组织开展“应对气候变化中国行”大型科学考察与气象科普活动，由气候专家、其他相关领域专家、主流媒体记者等组成考察团，共同围绕一个主题赴中国受气候变化影响的典型地区进行实地考察，收集当地受气候变化影响情况案例，验证应对气候变化科研及实践成果，形成专业报告、系列报道、书籍图册及专题纪录片等成果。实地考察利于揭开气候变化的神秘面纱，给公众呈现一个具象的、立体的、科学的气候变化事实，将应对气候变化的科普知识传递给公众，同时也能体现气象部门在气候变化领域所做的工作，活动考察资料作为典型案例整理归编，供相关科研、规划编制、气候谈判等使用。

截至 2014 年底，活动已经举办 8 期。每一期活动的主题均经过活动专家委员会研究论证，活动的开展也得到中国气象局各业务部门和各省（区、市）气象局的支持。为进一步扩大活动的社会影响力，2014 年起活动由中国气象局主办，中国气象局公共气象服务中心、中国气象局气象宣传与科普中心及各省（区、市）气象局承办，气候中心协办并联合各大媒体进行共同报道。

2.2 应对气候变化中国行活动实践

5 年来，活动主题分别为：三江源考察冰川退化、阿拉善盟考察水资源枯竭造成城市迁移、鄱阳湖气候变化与低碳发展、红水河流域气候变化对水资源的影响、气候变暖对沿海城市的影响、洞庭湖流域气候变化影响、锡林格勒草原应对气候变化、丝绸之路上的气候变迁。

图 1　2010 年 9 月考察中华水塔三江源,拍摄三江源湿地鄂陵湖景象

图 2　2010 年 10 月赴内蒙古阿拉善盟进行生态考察,寻访胡杨林,探秘无人之乡

图 3　2011 年 4 月考察鄱阳湖国家湿地公园

图 4　2012 年 4 月考察团走进广西，探秘水资源和独特地貌

图 5　2012 年 11 月考察团奔赴广东，登上“广东鱼仓”——海陵岛貌

图 6　2013 年 4 月考察团来到东洞庭湖，了解区域农业如何应对气候变化

图 7　2013 年 8 月，考察团走进锡林郭勒看草原如何应对气候变化

图 8　2014 年 9 月，考察图探访中科院祁连山冰川观测站

活动的逐年开展推动了规模的扩大、深度和影响力的提升，并朝着加强联合、打造品牌的方向发展。其中 2010 年的青海三江源和内蒙古阿拉善盟考察仍处于尝试阶段，参与人员以气象部门为主。但从 2011 年考察江西鄱阳湖开始，活动走进当地政府、走进低碳企业，活动的深入吸引了更多媒体的关注。目前，每期活动都有 5～6 家中央级和省级知名媒体全程参加，其中《人民日报》、中央人民广播电台、《科技日报》、腾讯网、新浪网、果壳网等已经成为活动的固定合作媒体。

每次考察活动由“启动仪式”和“实地考察”两个环节组成。在启动仪式上，由活动主办方和相关部门领导致辞对活动的目的、意义进行阐述，并邀请新华社、《人民日报》等知名媒体以及地方媒体进行报道。近年来，启动仪式也在不断尝试创新，扩大影响力。如2014年启动仪式首次走进兰州大学校园，邀请知名气象主持人宋英杰主持现场互动环节，回答学生及媒体记者的提问，同时中国天气网利用官方微博对启动仪式进行全程直播，并策划了“向宋英杰提问题啦”活动话题，互动微博阅读量达40万次，起到了良好的宣传效果。

在“实地考察”环节中，考察团需前往不同的考察点，以多方面印证气候变化所带来的影响。以2014年赴甘肃考察为例，考察团在敦煌、张掖、民勤三地进行了实地走访，分别对当地受气候变化影响明显的古代文化、冰川、绿洲、沙漠进行了深入的接触和探访，丰富的考察内容利于多角度、全方位的展示气候变化下的自然景观和人类生存现状。

考察途中前方记者团队及时发布大量形式多样的报道，中国天气网、人民网、新浪网、腾讯网同步推出专题报道。5年来参与媒体共发表原创报道近350篇、深度报道百余篇、视频音频报道63组、高清图56组、记者手记33篇、微博千余条，通过报纸、电视、网站、微博、微信实现了考察活动的多渠道报道和推广，取得了良好的宣传效果。其中2013年，考察团在湖南杂交水稻研究中心采访到袁隆平院士，相关新闻在社会上引起重大反响。据不完全统计，仅赴湖南报道的原创文章就被新华网、中国日报网、新浪、搜狐、网易、凤凰网、和讯网等网络媒体转载600余次，宣传效果显著。

考察成果还集结成册出版了《应对气候变化中国行纪念画册》。2011年邮电出版社正式出版《气候变化的故事》一书，其中收录了“应对气候变化中国行”赴三江源和阿拉善盟的两次考察活动。

随着规模和影响力的扩大，考察活动得到地方政府和相关部门的重视。在赴江西、湖南、甘肃等地考察中，当地政府组织了农业、交通、水文、林业等多个单位向考察团介绍气候变化给各行业带来的影响、当地采取的应对措施和低碳减排规划等。与各地政府的直接对话让考察更全面、更有高度、更有说服力。

总体来看，应对气候变化中国行大型考察及气象科普活动在气候变化对中国产生的影响方面已经积累了大量考察资料，在气候变化科普宣传方面取得了一定成绩，已成为气候变化科普领域的重要品牌活动。

2.3 应对气候变化中国行活动的经验和不足

在多年来的考察活动中，应对气候变化中国行活动积累了大量的经验。

(1)活动主题的选取上要引发大众的普遍关心。如2014年的主题是“丝绸之路上的气候变迁”，与习近平总书记提出建设“新丝绸之路经济带”的战略构想联系紧密，切合国家政策和形式，更容易引起公众的共鸣。

(2)活动规格的提高利于活动的展开，联合多方力量和资源，更容易办大事、出成绩。2014 年之前的 7 期活动均由中国气象局公共气象服务中心主办，策划及执行团队较为单薄。从 2014 年开始，活动由中国气象局名义主办，大大提高了活动规格。通过气象部门与政府部门联合，部分考察点由政府部门主导安排考察环节，确保活动在更加务实的层面开展。

(3)要进一步深入媒体合作。在主流媒体跟随全程报道的同时，参与媒体也需根据媒体的类型和报道优势等进行拓展。在 2014 年的丝绸之路考察活动中，首次邀请了国内知名科技品牌果壳网主编进行随程报道，并首次邀请新浪微博编辑随程进行微博推广，使得参与媒体更加多元化、传播渠道更为广泛。

(4)活动成果的展示方式应向纵深发展。除发布多形式宣传报道外，2014 年的考察结束后首次形成了专业考察报告。考察团撰写了《全球变暖对甘肃河西地区的生态环境影响及应对措施》，从全球变暖的背景、对甘肃气候及生态环境、经济等方面的影响、未来气候变化的可能趋势、甘肃应对气候变化和可持续发展对策等方面将考察成果进行了梳理提炼，并计划在专业期刊发表。此类展示形式极大凸显了活动的专业性与科学性。

当然，应对气候变化中国行活动仍有不足之处。在主题策划方面，仍需继续探索将气候变化的专业性和科普性有效结合，要确保主题具有代表性、专业性，也要保证主题具备可传播性，能够引起媒体和公众的广泛关注。因此，在活动策划阶段，需进一步加强专家团队的论证和指导。同时，活动的推广和传播需更加充分考虑公众的阅读和接收习惯，注重用户体验，除报纸、电视等传统媒体，网络专题、微博直播等较常规的传播技巧外，也要充分考虑新媒体迅猛发展的大环境下，移动用户的接收需求，这对现在的应对气候变化中国行活动的宣传报道来说，将是一大挑战。

3 气候变化类科普活动未来发展建议

根据应对气候变化中国行活动近几年的经验和教训，未来气候变化类科普活动还需在以下方面进行加强和改善。

(1)活动策划及宣传要更接地气。由于气候变化是一个缓慢且长期的过程，社会普遍对其的认识度和关注度还不够。如果活动的宣传侧重考察过程及相关科普解读，与普通公众的日常生活关联度不高且略显单调，对公众的吸引力就会有限。可以尝试引入专业策划团队，使活动主题、宣传形式、推广渠道等方面更接地气。

(2)注重推广，对参与媒体的选择要更精准有效。一次活动成功与否很大程度上取决于参与媒体的报道效果。结合媒体的属性，挑选与主题活动最为匹配的媒体十分关键。应对气候变化中国行活动过去在参与媒体的选择上，侧重中央级主流媒体(如人民日报、科技日报、中央人民广播电台等)，对普通公众影响更大的网络媒体邀请较少。2014 年创新性增加了科普相关度较高的果壳网。未来计划根据当年的主题，更有针对性地选择参与媒体，适当增加考虑网络媒体及自媒体，提升活动在普通公众中的影响力。

(3)在展现方式上应不断吸收和借鉴新媒体传播的方式和技巧，创新宣传报道方式，特别是重视移动端用户的阅读方式和体验，让公众更容易、更便捷地接收到气候变化类活动所要传递的科普内容和价值取向。

参考文献

[1] 刘晓星.气候变化还需要科普吗[N].中国环境报，2012-11-23(03).

[2] 王海波.新中国气象科普发展历程回顾与展望[J].科技传播，2014(9):46-49.

创新形式打造气象科普盛宴
——“直击天气——与科学家聊‘天’活动”实践与探索

何孟洁　胡　亚　王　晨　董　青
（中国气象局气象宣传与科普中心，北京 100081）

摘要：当前，伴随全球气候变化与经济社会发展，天气气候与广大百姓的生活生产更加紧密，社会公众对于气象防灾减灾、气候变化等知识的需求更加迫切。尤其是随着互联网技术的迅猛发展和信息传播方式的深刻变革，在媒介大融合的环境下，如何搭建新型气象科普传播平台成为一项重要课题。2013 年以来，中国气象局在定期举办新闻发布会的基础上，创新推出直击天气——与科学家聊“天”活动，有效扩大并提升了气象宣传科普的范围和效果，取得良好的社会反响。本文将活动实践与传播理念、气象科普与业务服务相结合，对活动创办思路、创新举措、实践成效等进行梳理，以期提高气象科普活动的实效性和影响力，扩大气象科普知识的覆盖面。

关键词：媒介融合　气象传播　防灾减灾　科普品牌

引言

科学普及是以时代为背景，以社会为舞台，以人为主角，以科技为内容，面向广大公众的一台“现代文明戏”。在当今科技进步、社会发展的大环境下，传统媒体和新型媒体融合发展，社会传播方式深刻变革，为气象科学普及不断提供新的生长点，也使气象科普工作更加具有生命力与时代性。

为有效搭建与媒体、公众交流的传播新平台，自 2013 年 3 月以来，在中国气象局办公室、减灾司的指导下，中国气象局气象宣传与科普中心联合中国气象局公共气象服务中心、中国气象学会秘书处等单位创新活动形式，紧扣社会热点和气象服务重点，先后以暴雨、高温、台风、厄尔尼诺、天气预报准确率以及世界气象日、防灾减灾日等为话题，举办 9 期“直击天气——与科学家聊‘天’活动”（以下简称直击天气活动）。活动借助新媒体平台，创新传播形式，调动公众参与，主动发出声音，有效引导舆论，提升了气象部门的社会影响力。

1 新理念拓宽气象科普视角

1.1 直击天气活动由来

加快科普社会化，主要决定于科普的宣传力度、公众认知转化程度和科普产业化程度[1]。当前全媒体时代的到来，对于气象科学知识的普及传播有着积极作用，新媒体、新技术的发展为气象科普工作带来了新的机遇，提供了更为广阔的渠道、更为丰富的内容和更为多样的呈现形式。

然而，机遇与挑战并存，新媒体的发展在给气象科普工作带来机遇的同时也带来了挑战，主要表现在：信息的多元、多变、多样淹没了科普信息；虚假、伪科学、迷信信息大行其道；网民习惯性质疑挑战权威；科普信息的枯燥无法吸引网民等问题也较为突出[2]。如何在全媒体环境下赢得话语权，以科学、权威、准确的信息引导舆论，成为当前开展好气象科普工作的重要课题。

面对气象事业快速发展与公众关注日益提高的新趋势，中国气象局气象宣传与科普中心在承办中国气象局例行新闻发布会的基础上，开阔工作思路，拓展宣传形式，创新推出直击天气——与科学家聊“天”活动，以发挥现代化信息优势，打造媒体、科学家、公众良性互动的科普宣传平台，及时将气象科学知识和气象灾害防御方法传递给公众，打造出气象宣传科普活动品牌。

1.2 活动主要形式

活动主要分为前期策划、组织开展、舆情监测等几个环节。每期活动以专家与媒体、公众面对面交流的形式，邀请 3 至 5 名嘉宾，与媒体记者、公众围绕天气热点、防灾减灾、气候变化等话题进行深入的交流和探讨，活动持续 100

分钟。

该活动着力搭建一个气象与相关学科结合、气象服务与科普宣传共融、全媒体资源共享的平台。在主题策划上，将气象科普与防灾减灾等相关学科进行融合；在组织形式上，将气象服务与气象科普宣传进行融合；在传播途径上，将平面、网络、视频等传统媒体与新媒体进行融合，有效调动部门内各媒体和社会媒体资源，达到全方位、多角度、宽领域、广覆盖的宣传效果。

2　新举措打造气象科普平台

2.1　气象知识与相关学科相互交叉

与中国气象局新闻发布会相呼应，该活动更多以部门内外科学家的“民间”身份和媒体面对面交流沟通，化被动采访为主动交流，在回应公众关切的同时，主动策划话题发出气象声音；在与媒体、公众沟通交流中，增进彼此的了解和理解，借助社会媒体广泛传播气象科普知识，提升公众应对防御气象灾害的能力。

活动紧扣社会关注热点，把握气象服务需求，针对公众十分关注的“揭秘天气预报的准与不准”“厄尔尼诺来袭？”“城镇化与气象防灾减灾”以及如何应对暴雨、高温、台风等话题，抓住时机，及时策划，在内容上将气象与防灾减灾等话题相结合，将气象科学知识进行拓展和延伸，明确活动主题，回应社会关切，主动发出声音。

2.2　权威专家与媒体公众深度对话

活动策划注重话题的客观性、科学性、鲜活性，邀请嘉宾以权威、客观、宽领域、有公信力为原则。活动先后邀请到中国工程院院士李泽椿、丁一汇、李立涅，清华大学公共安全研究院副院长袁宏永、北京大学物理学院大气与海洋科学系教授张庆红、中国科学院大气物理研究所副研究员郑飞等30余名权威专家。同时吸引到新华社、《人民日报》《光明日报》《经济日报》、中央电视台、中央人民广播电台、《中国科学报》《科技日报》《中国日报》《香港文汇报》、中国政府网、新华网、人民网等240余家媒体报道及众多社会公众参与。

活动也注重舆情监测，及时向媒体提供新闻通稿和相关素材，通过广大社会媒体和气象爱好者传播气象科学知识,保证报道内容的客观、真实、准确,积极引导社会舆论。

2.3 传统媒体与新兴媒体高度融合

2014 年以来,在积极调动《人民日报》、新华社、中央电视台、中央人民广播电台等中央媒体参与活动的基础上,拓展宣传渠道,整合多方资源,强化新媒体传播。与新浪、腾讯、搜狐等新媒体单位密切沟通,在中国气象局新浪官方微博、腾讯官方微信、官方微视、新闻客户端以及中国气象网上实现活动网络同步直播,打造出集平面、视频、互联网、移动终端等于一体的气象传播新平台。

同时,调动公众参与,提高关注度。在每期活动前期,通过中国气象局新浪官方微博发布活动预告,搜集网友关注话题并与网友进行互动,征集众多网友参与活动;与果壳网、科学松鼠会、气象爱好者等社会团体密切沟通,邀请科普作者和广大公众参与现场活动,搭建专家与公众交流的新平台,进一步扩大活动覆盖面和部门影响力。

3 新成效激发科普创新活力

3.1 主动发声引导社会舆论

活动围绕社会关注热点和气象服务重点,主动发出气象部门声音,科学引导社会舆论。据统计,关于 9 期活动的新闻报道数量多、转载量大、社会反响好。截至目前,媒体共刊发报道 200 篇(条),转发量超过 2400 条,且多以长篇、深度报道为主,媒体在报道中坚持真实、客观、科学,在各层面及时回应了社会关切,有效平息了互联网上关于天气预报准确率、厄尔尼诺等话题的炒作。

在 9 期活动中,以科学家与媒体、公众面对面交流的形式,邀请清华大学、中国人民大学、中国科学院、中国城市规划设计研究院、北京城市气象研究所以及气象部门等近 30 名权威专家,为媒体搭建了无障碍交流、了解客观事实、汲取科普知识的平台。另一方面,通过媒体和气象爱好者,及时将气象科学知识和气象灾害防御的方法传递给公众,极大地扩大了气象科普的覆盖面,探索出一条将科普宣传与气象业务服务结合起来的新路子。

以今年第七期以“厄尔尼诺来袭?”为主题的活动为例，主流媒体报道方面，中央电视台于6月18日在新闻频道中3次滚动播报新闻《专家预测今年将发生厄尔尼诺事件》，总时长近20分钟，并于6月21日在《新闻联播》节目中播报《今年将发生厄尔尼诺事件》，报道时长达1分40秒；新华社刊发《专家：不必对厄尔尼诺“谈虎色变”》等5篇通稿；《人民日报》刊发深度报道《厄尔尼诺即将袭来?》；《经济日报》刊发《厄尔尼诺“猜想”》等两篇报道；《中国科学报》《中国气象报》先后推出厄尔尼诺整版报道。此外，《人民日报》官微发布新华社通稿长微博，被转发3078余次，评论416余条(截至2014年6月23日)。

3.2 整合资源提高信息传播力

在邀请报纸、期刊、视频、互联网等媒体参与活动的基础上，加强与新浪、腾讯、搜狐等新媒体单位的沟通，打造微博、微信、微视、新闻客户端等新媒体传播平台。在传播途径上，将视频、平面、互联网、手机等媒体进行融合，搭建一个气象与相关学科共融的平台、气象服务与科普宣传紧密结合的平台、全媒体共享资源的平台。

每期活动举办后，媒体大量集中报道，话题关注度明显提高。如，央视播报的《专家预测今年将发生厄尔尼诺事件》等新闻节目，受到吉林省委、省政府的高度关注，主动联系气象部门要求提供相关视频资料。《人民日报》、新华社、中国科学报、香港文汇报等新闻媒体继当天推出活动报道后，又继续针对厄尔尼诺、高温、台风等活动话题采访院士及气象专家进行后续报道，极大提升了宣传内容的深度和宣传效果的广度。

在新媒体传播方面，人民日报官方微博在活动中推出暴雨、台风、厄尔尼诺等相关新闻及科普解读，累计引起万名粉丝转载关注。中国气象局官方微博、中国天气网气候变化频道微博以及新浪大V宋英杰等人通过微博平台发布活动信息，引起中央电视台、北京新闻广播以及地方环保和农业部门官方微博的转载。

3.3 公众参与扩大科普覆盖面

为扩大活动的影响力，从2014年起，在每期活动前期，通过中国气象局新浪官方微博发布活动预告，搜集网友关注话题并与网友进行互动，征集了近50名网友参与此次活动。

同时，与“气象爱好者”等民间组织进行沟通，邀请20余名气象爱好者参与现场活动；在活动过程中，让网友参与现场互动，与嘉宾进行直接对话，搭建了专家与公众交流的新平台，也拉近了专家与广大公众的距离。

4 新期待推进科普蓬勃发展

气象防灾减灾科普宣传是提高国民素质教育的基础之一。受众获取灾害知识与信息的方式是影响防灾减灾宣传的重要因素，而受众获取灾害知识与信息的途径则会直接影响防灾减灾科普内容的传递效率和效果[3]。

2014年以来，我们初步尝试通过中国气象局官方微博、微视、搜狐新闻客户端等网络新媒体对活动进行同步直播，取得了良好成效，有效提升了气象科普知识传播的广度和深度。今后，我们将进一步强化内容策划和部门内外、上下联动，力争将该活动打造为气象科普宣传品牌。

4.1 深度策划提高科普成效

加强与媒体记者的交流沟通，了解媒体报道需求；加强对社会公众需求的挖掘分析，在选题策划上下功夫、多钻研，更加贴近媒体、社会关注重点，更加激发媒体报道热情，推动提升媒体宣传报道的深度和力度。

4.2 上下联动提升活动影响力

强化部门内外联系和沟通，进一步规范活动流程，整合气象部门以及外部门、外单位的专家资源，充分挖掘优秀的科普专家，集约整合全媒体资源，建立完善专家群、媒体库，促进气象科普工作能力提升。

4.3 开拓创新打造科普宣传品牌

九期活动的顺利开展，为打造活动品牌、扩大部门影响力奠定了一定基础。下一步将继续扩大媒体和公众的参与范围，探索“微直播”、视频连线、异地联合承办等新途径，进一步增强公众与专家的互动性，扩大科普宣传效果，提高活动的关注度和影响力。

参考文献

[1] 黄丹斌.科普宣传与科普产业化——促进科普社会化雏议[J]. 科技进步与对策,2001(1).

[2] 杨维东,王世华,李勇.社会化媒体时代科普宣传的路径厘析[J].重庆工商大学学报:社会科学版,2013(6).

[3] 袁丽,曾雪蓉,褚鑫杰,李强,龚凯虹.防灾减灾科普宣传对策创新研究[J]. 灾害学,2014(3).

“流动气象科普设施万里行”的实践与启示

康雯瑛　姚锦烽　徐嫩羽　邵俊年

（中国气象局气象宣传与科普中心，北京 100081）

摘要：“流动气象科普万里行”活动是气象部门推进气象科普基础设施向基层延伸的有效举措，有助于推动优质科普资源共享，更深入有效地推进气象科普“进社区、进校园、进农村”。流动气象科普万里行活动有科普品牌化、科普社会化、科普分众化的特点。

关键词：流动气象科普　万里行

“流动气象科普万里行”活动是气象科普工作的重要平台，于 2013 年世界气象日之际启动。“流动气象科普万里行”活动以“普及气象科学知识，保障生态文明建设，服务社会经济发展”为口号，以气象防灾减灾和应对气候变化为主题。

1　流动气象科普万里行现状

1.1　流动气象科普万里行活动概述

该活动由中国气象局联合科技部、中国科协、中国气象学会主办，由省（区、市）气象局具体实施向市、县、乡镇的延伸服务。该活动目前举办了 2 年，目标是 3 年内行程超万里，因此命名为“流动气象科普万里行”。

活动目标主要有以下四方面：（1）激发大众对气象科学的兴趣；（2）传播气象知识，促进大众理解大气科学，提供大众参与气象工作的途径；（3）提高大众防灾减灾、应对气候变化的意识和能力；(4)让公众更多地了解与支持气象工作。

活动形式主要包括：气象科普设施展示、气象专家讲座、受众提问互动、气象科普产品传播、科普影片放映等。

1.2 流动气象科普万里行的意义

流动气象科普设施有利于缩小"知沟"。知沟效应是20世纪70年代美国学者蒂奇诺等人在实证研究的基础上提出的假说，"社会经济地位高者一般能比社会经济地位低者更快地获得信息，故大众媒介传送的信息越多，这两者之间的知识鸿沟也就越有扩大的趋势"[1]。基层人群可利用的气象科普渠道较少，久而久之，就会造成气象知识的缺乏，与其他人群的知识差距越来越大。流动气象科普设施针对基层人群，对缩小"知沟"，普及气象知识有一定的作用。

流动气象科普设施万里行有较强的现实意义。目前，我国气象科学普及延伸空间有限，特别是在广大农村。而广大农村非常需要气象科普，农民在从事种植、养殖业以及发展多种经营的过程中，十分需要合理利用当地有利的气象条件。活动带着气象科普设施进农村，利于对农民推广气象知识。

2 流动气象科普万里行活动特点

2.1 科普品牌化

流动气象科普万里行与世界气象日、防灾减灾日、科技活动周、全国科普日活动结合，抓住气象科普时机，打造气象科普品牌，有助于扩大气象科普的影响力。

流动气象科普设施创新性强。"流动气象科普设施万里行"是设施传播和活动传播的结合。流动气象科普设施传播气象知识都属于设施传播，结合流动气象科普设施传播的"流动气象科普万里行"等活动属于活动传播。

展品注重科学和艺术的有机结合，重视科学性和趣味性，贴近群众，贴近实际，贴近生活。通过调研中国科协科普大篷车，确定流动气象科普设施标准和规格，与外协技术公司合作开发制作了首批流动气象科普设施，具体包括：地基观测系统模型、气象卫星模型、电子书、科普游戏、模拟降雨等5项流动科普展品，流动影院，以及20张图文并茂的宣传气象防灾减灾与应对气候变化知识的科普展板。现场展出地基观测系统、气象卫星、虚拟翻书、科普游戏等科普展品，展品具有一定的互动性，观众可以现场参与和体验。

专家技术支撑。由当地气象局组织气象专家，在活动现场设置咨询台，解答观众有关气象方面的问题和疑惑。活动依托中国气象局和各地气象局，获得气象部门的专家资源支持，使得科普资料涵盖最新气象科技进展。项目还获得气象业界和学界的专家学者支持，保证内容的科学性、权威性，并经常邀请业界学界专家开展讲座，讲解身边的气象、前沿的气象。此外，气象科学具有学科交叉性强的特点，利于受众从化学、物理、地理等角度理解气象科技。

科普产品积累丰富。活动提供的气象科技产品包括《气象知识》杂志、气象科普书籍、气象科普手工、科普折页等。此外，大众还可以关注气象知识微博、气象知识微信、气象知识网站、数字气象科技馆网站，进一步接触气象、了解气象、理解气象。活动成为大众接触气象的契机，有助于进一步获得气象科普产品，了解气象知识。

2.2 科普社会化

1994年12月5日，中共中央、国务院颁布的《关于加强科学技术普及工作的若干意见》中明确指出了科普的社会性，“要动员全社会力量，多形式、多层次、多渠道地开展科普工作传播科技知识、科学方法和科学思想，使科普工作群众化、社会化、经常化。”《科普法》明确规定了“科普是全社会的共同任务，社会各界都应当组织参加各类科普活动”。

气象科技与人们生产、生活息息相关，决定了气象科普开展的社会化。气象科普实现社会化可以有效提高公民的科学素质，提高公民的防灾减灾能力和应对气候变化水平。流动气象科普万里行是社会化科普的一个重要方面，是气象部门推进气象科普基础设施向基层延伸的有效举措，有助于推动优质科普资源共享，更深入有效地推进气象科普“进社区、进校园、进农村”，向公众普及相关气象科学知识，提升公众的应急避险能力和气象科学素质。

流动气象科普万里行将气象科普融入“政府推动，全民参与，提升素质，促进和谐”的全民科学素质行动计划中。树立社会化“大科普”意识，探索建立科普基础设施资源共享模式和机制，搭建科普基础设施服务平台，营造全社会科普资源开放共享的环境，推进科普资源的高效利用。活动通过有针对性地向社会公众宣传普及气象科技知识，带动社会各行各业、社会各界群众了解气象工作，普及气象科学知识，应用气象科技知识，进一步促进经济社会和谐、健康和可持续发展；活动将气象科技引入人们生活，利于激发受众兴趣；活动将科技讲座、气象科普活动、气象科技产品传播相结合，多种形式进行气象科普，提高气象科普的覆盖率和有效性。宣传也为科普助力，气象部门内外媒体积极宣传报道活动进展，提高了活动的知名度，扩大了活动的影响面，增加了活动的有效性。

2.3 科普分众化

"流动气象科普万里行"是以社区居民、农民、中小学生为重点对象，推动国家级优质气象科普资源与地方、基层共享，充分发挥"流动科技馆"深入服务基层的优势，深入有效推进气象科普进社区、进校园、进农村。

重视受众才能真正影响受众，真正影响受众才能达到科普的效果。个人差异论认为，每个人所处的社会环境、所遇的社会经历和所受的社会教育不同，他们各自的个人素质、心态体系也就不同，从而表现出不同的兴趣、爱好、性格、价值观等个人差异[2]。社会类型论是对个人差异论的修正与扩展，重点强调受众的社会群体的特性差异，认为受众是可以分类的，尽管每个受众的个性千差万别，但由于他们在一定的社会阶层中，会形成不同的社会类型。某一社会类型的受众对同一讯息又会有大体一致的反应[3]。科普受众从"广众"到"窄众"的变化，利于有的放矢，提高气象科普的针对性和有效性。

活动开展时注重科普的针对性，根据不同的科普受众选择不同的科普内容和形式。比如，对农民进行科普时重视与农业气象相关的知识的传播，重视农业谚语的讲解，采用气象专家现场讲解的形式，开发通俗易懂的科普宣传品；对城市居民进行科普时注重城市气象，重点普及防灾减灾知识，采用科普讲座的方式；对中小学生重点培养兴趣，使其有进一步探索气象科学的好奇心，多采用科普设施的展教功能。

亲身体验科学知识是科学普及非常重要的模式。活动有利于调动受众的积极性，使其主动探索气象知识，而不是被动接收气象知识，即深度参与气象科普，因此，有利于培养热心受众。米勒和其他一些学者在 20 世纪 70 年代末借鉴美国政治学家阿尔蒙德的公共政策领域的"热心公众模型"，考察科学技术领域中的公众分层问题，利用实际调查测量了公众对科学技术政策的关注程度和兴趣水平，建立了科学技术领域的“公众分层模型”。该模型认为科学技术政策形成过程中涉及五个群体：决策者、政策领导者、热心公众、感兴趣公众、一般公众。[4]活动通过培养热心公众、感兴趣公众，进而影响一般公众，进一步扩大气象科普的覆盖面。

活动从城市到农村不断推进气象科普的过程，从点到面，由近及远，逐步扩散气象科普的范围。活动从北京启动，选择河北为活动试点。针对重点区域、重点人群，精心选择了有代表性的乡镇、社区和学校。之后，逐步向其他省份扩展，活动主要由各省（区、市）局具体实施和开展，重点选择比较偏远、信息不发达地区的农村、校园、社区。由于气象部门是一个垂直管理部门，全国各省市县都有气象局，对气象科普的开展有先天的网络优势。中国气象局高度重视该活动，各级气象部门积极参与相关筹备、组织、协调工作，确保活动有力有序、顺利开展。

3 进一步发展流动气象科普万里行

通过两年的实践，为进一步发展流动气象科普万里行，应从以下三方面着手加强。

(1)进一步开发完善流动气象科普设施。提高流动气象科普设施的科技含量，推进气象科普设施建设及配套产品研发，提高科普基础设施的展教水平。加大投入力度。多渠道争取社会资金，建立稳定的气象科普经费投入机制，加大对气象科普产品的政府采购力度，建立与企业的合作机制。

(2)进一步提炼和升华活动主题，提高对公众的吸引力。既要体现各级领导对气象科普工作的要求与工作理念，也要涵盖防灾减灾和应对气候变化内容，对公众具有一定的号召力、影响力的同时，强化活动实用性和实效性，把活动提升到为建设美丽中国服务的高度。

(3)进一步拓展活动范围、形式和内容。进一步扩大范围，重点选择比较偏远、资讯传播技术相对落后的地区，以社区居民、农民、中小学生为重点对象，充分发挥“流动科技馆”深入服务基层的优势，通过组织各种行之有效的科普宣传，向社会公众传播气象防灾减灾和应对气候变化知识，积极推动解决气象科普的“最后一公里”问题。真正实现业务化、常态化、品牌化、社会化的气象科普工作目标。

参考文献

[1] Tichenor P J. Mass Communication and Differential Growth in Knowledge [J]. Public Opinion Quarterly,Summer,1970.

[2] 卡尔·霍夫兰 (Carl Hovland).新闻学与传播学经典丛书·英文原版系列:传播与劝服[M].北京:中国传媒大学出版社,2013.

[3] 丹尼斯.麦奎尔.麦奎尔大众传播理论[M].北京:清华大学出版社,2008.

[4] 任福君,翟杰全.科技传播与普及概论 [M].北京:中国科学技术出版社,2011.

[5] 程曼丽,乔云霞.新闻传播学辞典[M].北京:新华出版社,2012.

[6] 郭庆光.传播学教程(第二版)[M].北京:中国人民大学出版社,2011.